中国环境艺术设计 05
CHINA ENVIRONMENTAL ART DESIGN

图书在版编目（CIP）数据

中国环境艺术设计05／鲍诗度主编.—北京：中国建筑工业出版社，2014.4
ISBN 978-7-112-16697-8

Ⅰ.①中…Ⅱ.①鲍…Ⅲ.①建筑设计－环境设计－中国－2013－年鉴Ⅳ.①TU-856

中国版本图书馆CIP数据核字(2014)第064626号

中国环境艺术设计 05
CHINA ENVIRONMENTAL ART DESIGN

鲍诗度 主编　东华大学　中国建筑工业出版社
*

中国建筑工业出版社出版、发行(北京西郊百万庄)

各地新华书店、建筑书店经销
上海源信印务有限公司制版
上海南朝印刷有限公司印刷
*

开本：965毫米x1270毫米 1/16
印张：9½　字数：390千字
2014年5月第一版　2014年5月第一次印刷
定价：98.00元
ISBN 978-7-112-16697-8
　　　(25506)

HOST ORGANIZER	主编单位	东华大学
		中国建筑工业出版社
EDITORIAL ADVERTISER	编委会顾问	齐 康　韩美林　蔡镇钰　邹德侬
EDITORIAL DIRECTOR	编委会主任	胡永旭　余建勇
DEPUTY DIRECTOR	编委会副主任	鲍诗度
MEMBERS	编委会成员（按姓氏笔画为序）	马克辛　王兴田　王克文　王受之　王淮梁
		吕敬人　朱祥明　苏 丹　李东禧　吴 翔
		周 畅　郑曙旸　柳冠中　俞 英　夏 明
		鲍世行　鲍诗度
EDITOR-IN-CHIEF	主编	鲍诗度
DEPUTY EDITOR-IN-CHIEF	副主编	夏 明
EDITORIAL MANAGER	编辑部主任	汪彬彬
ART EDITOR	设计总监	鲍李然
EDITOR-IN-CHARGE	责任编辑	李东禧　唐 旭　杨 晓
EDITOR	编辑	闫 冬　李 祥　桑 兰　吴颖洁　郑玉剑
		徐 迅　盛迪杰
EXECUTIVE EDITOR	编务	赵 强　黄 更　王亚明　朱 瑾　刘晨澍
		苏 坤
PHOTOGRAPHY DIRECTOR	摄影	翁 敏
ADVERTISING DEPARTMENT	广告部	汪彬彬
ADVERTISING TEL	广告部电话	021-62373731-8020
EDITORIAL DEPARTMENT	编辑部	中国环境艺术设计年鉴编辑部
PUBLISH	出版	中国建筑工业出版社
DISTRIBUTION	发行范围	各地新华书店、建筑书店经销
TEL	编辑部电话	021-62373731　021-62378043
FAX	编辑部传真	021-62374989
HTTP	网址	www.chinaead.com
E-MAIL	电子邮箱	chinaead@vip.163.com
ADDRESS	编辑部地址	上海市长宁区延安西路1818号
ZIP CODE	邮编	200051
PUBLISH DATE	出版日期	2014年5月
PAGE SIZE	版面尺寸	230mmX300mm
PRICE	定价	RMB 98元

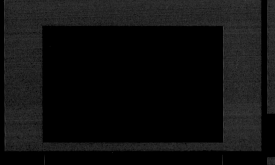

中国环境艺术设计
CHINA ENVIRONMENTAL ART DESIGN

卷首语

随着环境艺术设计 30 多年学科建设与发展、专业领域和专业范围与初期设置已经明显不同。为了适应时代发展需要，2011 至 2012 年国家对高等院校学科专业目录进行大的调整，环境艺术设计正式更名为环境设计，列为设计学的二级学科。从环境艺术设计发展到环境设计，作为一个多元、多学科、边缘化的综合体，它以哲学为基础，并顺应时代发展成为更有社会价值的系统学科。不同于单体建筑设计所强调的"实用、坚固、美观"，环境设计更加关注对"美"的创造，有更高的美学价值，是以为人创造更加诗意的生活、生存环境为最终目标的具备系统思维的美学工程。

2014 年的第五期年鉴顺应学科发展变化，在延续前四期年鉴精神的基础上，立足时代前沿观念，以"时尚环境设计"为主题，章节内容做了全面的调整，依次为"理论篇"、"历史篇"、"时下篇"、"总结篇"，全期围绕对"时尚环境设计"的诠释展开理论研究、学术探讨、案例解析。

在"理论篇"中，一方面，通过理论研究与理论访谈的形式，深入探讨"时尚环境设计"，以"时尚"视角重新诠释"环境设计"，更新环境设计学科的意义以及探寻其发展的更多可能性。另一方面，在同专家、学者、设计师交流的过程中，明显发现中国环境设计专业需要改进的地方还很多且进步空间也非常大。我们希望于不同领域工作与学习的人能以本篇章为切入点，由表及里开始对环境设计领域的学校教育问题、企业管理问题、城市发展问题有所了解与关注。

"时尚环境设计"即是在复苏优秀传统的同时顺应时代前沿文化，具有传承意义并具备创新精神的为"人"的设计。它可以是"历史的"、"传统的"，可以是"当下的"、"新奇的"，也可以是"未来的"、"超前的"，但它们一定是具有文脉价值的、经得起时间、环境以及人的考验的，可以持久而平缓的发展下来的，即"经典的时尚"抑或是"时尚的经典"。在"历史篇"中年鉴展现给读者的就是只有"时尚改造、经典重塑、可持续发展"理念的室内外空间设计优秀作品。此篇章透过作品来分析时尚与经典的关系，从而深层次理解"时尚环境设计"的"时尚"价值与意义。

"时下篇"包含六个栏目，分别从"艺术、前沿、体验、自然、观念、创意"角度诉说时下"时尚的"环境设计思想，且立足上海"时尚设计之都"的发展，融合了国内外城市环境设计"时尚新理念"，内容涵盖了系统设计、建筑设计、室内设计、景观设计、城市规划、公共艺术等领域。"时尚之都"不等同于"时尚环境设计"，一座城市若是能吸引全球的目光，可以接受并融入外来的文化，并引领整个地区的潮流，或许可以把这座城市称之为"时尚之都"。而"时尚环境设计"，不仅要考虑到新元素的使用，还要将中西文化碰撞、古今历史交融的地方体现出来。在"时下篇"中就有不少这样的优秀设计项目。它们不只利用了环保等新技术还将独有的历史或

是某种情感透过设计演绎出来。这也是我们希望未来年轻的设计师能够借鉴学习之处。

"时下篇"的第五个栏目——"时尚·观念·城市街道设计"是蕴含全新观念的设计专栏，它以"系统思想"为指导，开拓性地把城市环境建设与街道家具设计相结合。相较日本、欧洲国家，我国对于建立在城市综合景观背景下的街道家具设计理念的研究还处在一个探讨阶段。因此，建立一套不仅实用、美观，又能诱导和促进公众进行户外活动，提升城市综合景观效果的街道家具设计理论是必要且迫切的。"时尚·观念·城市街道设计"专栏所引出的"街道家具系统设计"——作为未来的发展方向，可以为城区街道景观环境建设迈入新的层次与高度提供相应的理论指导与支持。

希望通过本期年鉴传达积极的价值观念以及对社会、对生活的思考，给从不同角度参与到环境设计领域的人以启发，从"人"出发，与自己对话，与环境对话，与传统对话，与现代对话，与未来对话，在对话的过程中去寻找，去开创最契合大众生活的设计方式。

主编 鲍诗度

CHINA
ENVIRONMENTAL
ART DESIGN
中国环境艺术设计 05

目录

CHINA
ENVIRONMENTAL
ART DESIGN
中国环境艺术设计 05

理论篇
中国环境艺术设计 05

Theoretical Framework
Research Thinking

时尚、环境设计、时尚环境设计的基本概念与历史演 理论研究
变，研究时尚环境设计的表层目的与深层意义。

研究思考   由时尚环境设计的研究引发的思考与追问。

Framework

THEORY OF INTERVIEW
理论访谈

专家：赵军

简介：现为东南大学建筑学院环境设计系教授、中国建筑学会建筑师分会建筑美术专业委员会主任、《筑·美》杂志主编。

他的时尚环境认知：怀旧时代的经典也是一种时尚。

专家：王海松

简介：现为上海大学美术学院建筑系主任、教授、国家一级注册建筑师。

他的时尚环境认知："环境设计"与"时尚"的结合是个有趣的视角。

专家：黄耘

简介：四川美术学院建筑艺术系系主任、教授，重庆大学建筑城规学院城市规划专业博士。

他的时尚环境认知：环境的时尚应该是把自然体系和人工视觉美感加上心灵的宁静组成。

专家：彭军

简介：天津美术学院设计艺术学院副院长、环境设计系主任。

他的时尚环境认知：环境可以有"有意味的形式"的时尚设计，但是环境设计不等于时尚设计。

专家：吴昊

简介：现任西安美术学院院长助理、建筑环境艺术系主任、学科带头人。

他的时尚环境认知：对于"时尚"的理解需要有一种理性的判断。

专家个人观点

专家集体探讨

编辑：请问各位教授是如何理解"时尚环境设计"的？

王海松（上海大学美术学院建筑系主任、教授）：我认为"环境设计"与"时尚"的结合是个有趣的视角。"时尚"对应的英文为fashion，这个词的原意为时装，后来也衍生出时髦、新潮、时尚等方面的含义，也就是

我们现在所说的"潮"。从时尚的角度来研究环境设计，这是东华大学所独有的优势，因为东华的服装设计在国内是很强的。

将"环境设计"与"时尚"相叠加，就有了"时尚环境设计"这个词。这个词本身也很"时尚"，它的出现至少暗含了两层意思：一是"环境设计"需要"时尚"，二是"环境设计"可以"时尚"。对于什么样的"环境设计"

可以被称为"时尚"，这确实有点费思量。

"环境设计"需要"时尚"，这是个显而易见的事情。环境设计的对象是环境空间及其附属物。不同的审美情趣、建造技术、材料选择会造就迥然不同的空间效果和视觉环境，时代的进步会带来新的技术、生活方式、人际关系，也会给环境设计带来新的需求及实施手段，因循守旧、思路老套、重复过去

的环境设计显然不能打动人们。因此，环境设计师需要吸收新的知识，感知社会风尚，捕捉风格潮流，不断创新、求变，即"追逐时尚"。

"环境设计"可以"时尚"，这是一个稍有难度的话题。时尚在时装界是个每季都在发生变化的指标，对于工业产品，时尚可能是一代产品的"保鲜期"，其寿命可能从一年到几年不等。而对于环境空间作品，从项目立项开始，设计、实施完成的过程比较漫长，其使用年限少则十几年，多则上百年，要做到时尚确实有点难。但是，变换周期的缓慢、对新潮流的反应慢并不妨碍环境设计可以有时尚，而且通常能引领一段时间风尚的设计作品往往能引发一种建筑风格的变迁，甚至建筑思想的革命……

时尚，简单来说就是标新立异、与众不同，但是一味地搞怪、哗众取宠显然并不能成为时尚——时尚必须有一定的创新性、前瞻性，时尚一定会吸引社会公众的注意力，时尚往往能引领文化潮流，催生文化思潮。要完成环境"时尚"设计，既需要创意，也要有品位，还要靠文化底蕴。

黄耘（四川美术学院建筑艺术系系主任）：关于这个问题我倒是没有非常深刻地思考过。首先，我觉得环境的时尚是一种美感。我们通常谈到大环境的概念的时候是一个以问题为解决导向的一种环境设计，比如，是对生态的问题的理解。其实，到了一个"时尚"概念的话，应该是环境设计引领生活的概念。有这几个方向可以去考虑：第一个是在形式美感上的一种引领，通常是艺术院校的环境艺术背景下的都会这样去做的。第二个是一种和谐状态下的美感。比如，生态过程的美感，类似于湿地保护。我觉得这种美感不是在形式上的，而是在过程中的美感。但是，就时尚而言，这种美感是要人工去控制的，是心灵美感加上生态美感的一种协调。因此，我认为的环境的时尚应该是把自然体系和人工视觉美感加上心灵的宁静这三个方向组合起来。通常状况下，人们觉得就只是一种视觉美感而已。但是，我非常强调的是心灵的宁静的美感。产品能够引导心灵宁静及视觉的美感加上自然美感，这三个方面加起来就是时尚。

吴昊（西安美术学院院长助理、建筑环境艺术系主任、学科带头人）：在理解时尚环境设计的时候，我们必定需要有对"经典"这一含义进行透彻理解。经典的形成是一种文化的积累，也是典型文化背景的成熟设计思想体现。不是好的东西都称得上是经典，但称得上"经典"的东西自然一定是好的。成熟的是能够代表一种文化与艺术的典型特色。

然而，对于"时尚"的理解则需要有一种理性的判断，时尚不等于流行，时尚也不等于好与正确。往往"时尚"被理解成了流行的代名词，人人都清楚设计是为了时尚、流行与超前，而时尚的东西不能代替永恒。正因如此，我们更应清楚地认识什么是经典，并应记住只有"经典"才是永恒的象征。也只有"经典"才能体现艺术设计的不过时，也能成为永久的流行，并体现着设计的不落伍。赖特所设计的"流水别墅"是经典的代表，贝聿铭的"东京美术馆"是时尚的代表，这类作品是永久的"经典"和永久的"时尚"。

有时候我们不能只是表面地看一件作品的现象，特别是对环境设计而言，一件"经典"的作品，建筑的成功是一个方面，建筑与环境、建筑与周围的关系处理可能是判断一个设计师是否具有优秀素质、修养和气质所在的关键。环境设计中对大环境的认识，对设计的全面总体掌握与驾驭，是十分值得认真去研究的。

赖特经典作 流水别墅

赵军（东南大学环境设计系教授）：首先我们要了解什么叫时尚，根据《汉语大辞典》的解释，"时尚"即为当时的风尚。从我个人对时尚的理解，我认为"时尚"与时空、体验、经历相关，过去曾经时尚流行的东西经过了若干年后，又流行时尚起来，这种例子屡见不鲜。我记得在20世纪六七十年代的年轻人，以穿军装、军大衣以及戴军帽为一种荣耀和时尚。而今，我去了一次天安门广场，看到许多年轻人也戴着有五角星的军帽，而且最近网络上还登载了一段著名歌星刘德华穿着20世纪流行的军大衣的视频，大家都会认为怀旧时代的经典也是一种时尚。

经过漫长岁月的轮回，历史上能保留到今天的设计作品，绝大多数都是经典的，我们从西方古典建筑、中国古典建筑和园林、明式家具等可以看到这些流传至今的经典设计作品都凝聚着古人的智慧与才智。

在我们平常接触的事物中，"时尚"应该和服装、发型及用品关联性较强。它来得快，去得也快。而"时尚环境设计"一词，我是第一次听说，并认真地思考了一下，认为要看它用在什么地方。首先，我们要搞清楚环境设计的概念，广义上讲，大自然中的山脉、河流、草原、森林、沙漠、城市等等都属于环境，很显然用"时尚环境设计"的理念来设计它们是不可能，也不符合自然规律和科学发展观的。但是，如果我们将环境的概念限定在一个很小的范围，这个"时尚环境设计"的提法到有它一定的合理性，比如用在家装、特定景观、时装店，化妆品柜台、汽车展等类型的设计。因此，"时尚环境设计"这个理念需要仔细斟酌，用错了地方，就不符合科学规律，因为环境设计的核心是人性化设计，不是为了抓人眼球、为了搞"炫"而追求的另类设计。

贝聿铭时尚之作 东京美术馆

理论访谈

对话专家

编辑：您如何理解上海"时尚之都"的"时尚"？如何理解"时尚环境设计"的"时尚"？它们等同吗？为什么？

王海松（上海大学美术学院建筑系主任、教授）：上海是一座"时尚之都"，其时尚性体现在城市建筑、环境空间、戏剧电影、生活细节、市民气质等各个方面。以上的这些时尚细节丰富了城市的表情，给城市带来朝气，让市民充满愉悦，提升了上海的都市魅力。与上海的"都市时尚"相比，"环境时尚"显然只是其中的一个小篇章，但是其对于都市时尚的营造却有着不可低估的作用——因为环境设计对都市人产生了潜移默化的影响，而且这种影响无处不在。与其他方面的时尚相类似，环境设计的时尚也可以是"文艺"，也可以是"小清新"或是"重金属"，或者是"复古"，只要它能打动我们。

编辑：环境设计领域专业型人才应具备哪些素质？

黄耘（四川美术学院建筑艺术系主任）：简单来说就是人文艺术素养加上工程技术知识。仅仅拥有工程技术是不行的，那是技术层面的事。但是光是有人文艺术素养也是不行的，因为没有实现的能力。应该是艺术素养与工程技术能力相结合，且都具备才能达到环境设计领域的专业型人才要求。

彭军（天津美术学院设计艺术学院副院长）：从事艺术设计的专业人员首先要具备艺术素质与人文修养的底蕴，并且是穷其一生都要时时修炼的；其次是要具备科学的思维程序和理性思路等创造性思维的方法、高水平的专业技能与设计技巧。如果具备了以上的能力，基本可以成为本领域合格的从业者，但是如果要达到"环境设计领域专业型人才"的话，必须还要具备高于他人、敏锐洞察的"悟性"。因为环境设计专业领域的工作的本质就是一种特殊的科学发明与艺术创造的系统性的活动。

编辑："创新"、"创意"、"创造"是否应该作为评价一个学生环境设计作品的重要标准？

赵军（东南大学环境设计系教授）：初步看一下这三个词好像很相近，实际上还是有区别的，从设计学专业角度看，我个人认为"创新"是指在原有要素的基础上，通过改变一些要素或引入新的要素，建立一种新的建构形态，比如现在我们经常谈到的新中式、中国风等设计作品就属于创新设计。

"创意"就是要打破常规，对传统的一种反叛，它需要改变人们形成的各种习惯，包括思维习惯、创作习惯，超越自我，超越常规的引导，它属于创造性的系统工程。

"创造"是指设计出以前没有的东西，是一个全新的事物，比如爱迪生发明了电灯，他是一个创造者；而在已存在的某个事物的基础上做了一些改进或整合设计，那只能算是创新，乔布斯团队研制出的苹果手机系列产品只能算是创新设计。

环境设计专业有它的特殊性，不能单纯地从是否有没有"创新"或"创意"作为他们设计作品的评价标准；为什么这样讲，因为不同的环境设计，需要实现的设计目标是不一样的。比如，一片具有历史保留价值的老城区，需要传承历史文脉，保留老城的肌理及原住民的生活方式，因此我们只能对老城进行修缮整治，面对这种类型的环境设计项目，为了做到保存老城区的原汁原味，就不能完全采用创新的手法，只能在不破坏原来风貌的基础上，局部进行一些创意设计，环境设计决不能和破旧立新画等号，需要保留的环境决不能破坏。

编辑：中国环境设计专业的学生究竟该如何创造？改造是不是一种创造？传承是不是一种创造？

彭军（天津美术学院设计艺术学院副院长）：初学设计的学生们往往醉心于把自己的设计做得越新奇、越脱离传统越好。认为只有全新的设计才具有价值，而不愿意做看似平常、实际是具有真正意义的传承、改造、革新性质的事，这是对创造的肤浅认识。任何一项创造性设计绝不会是无源之水，都是或直接、或间接地汲取了成熟的各民族文化、各流派的艺术精髓以及领先的科学成果，通过自己的专业悟性而生成的。

编辑：中国环境设计专业学生在学业阶段该如何把握"创造"的范畴，做有现实意义的设计？

黄耘（四川美术学院建筑艺术系主任）：在"创造"这个范畴，我首先建议环艺的学生要有正确的理解及正确的方向。我们通常把"创造"理解成一种视觉的创造，我觉得这是一种误区。我认为它们的创造应该是基于一种积累的基础上的创造。针对现在环艺的教学中存在的问题，首先是知识性的教学面要涵盖广泛，必须要有大幅度的加强，然后才需要讲究形式的创造。我们通常会不太理解一些现象，就开始一味地创造。最后，用人单位反馈回来觉得学生不够资质。前段时间，我还与一个景观设计公司负责人交流过，他们觉得学生在设计的底层做得很好，发挥的作用也很大。但是一旦上升到项目层面的时候就出问题，因为学生能把握的知识面和知识量不够大。我给予环艺专业的学生的建议就是：知识融会贯通的能力是创造的前提，要学会运用知识来创造更多。

编辑：现代中国高校非常注重高校教育，在环境设计领域中，中国高校在人才培养方式上与世界知名高校有何差距？该如何借鉴学习？

吴昊（西安美术学院院长助理、建筑环境艺术系主任、学科带头人）：环境艺术设计专业在我国属于"舶来物"，是原中央工艺美院张绮曼教授从日本带回并结合国内条件和需要，于20世纪80年代于原中央工艺美术学院、现清华大学美院创建。发展至今，环艺的主要专业方向分为室内和景观。在国外，除日本部分和美国极个别学院，很难找到与国内对应的环艺专业。专业通常被细分为室内建筑学和景观建筑学。在北欧，有一些设计学院的环境艺术更多为关乎大地艺术、接近纯艺术的范畴。如果讨论国内高校环艺专业与国际一流院校在人才培养上的差距，可以参照、对比国际相关院校，特别是欧美的设计学院与建筑学院的相关专业。首先，评价一个院校的水平，最重要的指标是看历届毕业生从业后的状况。国际一流院校精英式的培养目标追求每个个体能够引领行业发展方向，成为行业领航者。其次，国际一流院校注重针对个体的教育，教授善于量体裁衣地指导，循序善诱，激发学生独立思考的能力，这是创造性思维的基本。独立精神和先锋态度是设计教育的立命之本。再次，国际一流院校强调学科交叉，这方面在综合性

大学优势明显。环境艺术与工程学、社会学、历史学、生态学、经济学等领域均有关联。我国设立环艺专业的院校数千所之多，无法一概而论。具有条件的国内一流院校务必要与培养以市场为主导的应用型人才的职业学院有所区别，重点培养学生的创造性思维，培养具有社会责任感的优秀人才。

赵军（东南大学环境设计系教授）：这个问题很难用一两句话解释清楚，近期偶然在网上看到陈丹青先生谈徐悲鸿为什么能成为大师，而为什么我们这个时代不能出现大师，我觉得他的观点有一定的道理。首先中国的高校办学体制和西方有很大的差异，国外的高校是真正意义上的教授治校，校长是由学校董事会、教授、学生等方面组成评委，经过评选选拔出来的；而我国大学校长大部分是由上级组织任命的。国家教委组织不同学科专业指导委员会几年一次的检查评审（制定了统一评审标准），尽管对各高校的专业发展起到了一定的指导与监督作用，同时也可能抹杀了各高校专业办学特色。而在徐悲鸿先生的那个时期，他作为校长有充分的自主权，他想怎么干就可以怎么办学，他想调什么人才都可以办到。正因为有了不拘一格降人才的办学体制，在这个平台上，齐白石先生才能成为家喻户晓的国画大师。这在当今中国高校的办学体制下，是不可想象的。我们都知道陈丹青先生在清华大学美术学院因一直没有招到有培养前途的博士生而无奈辞职，不是因为没有好的苗子，而是固有的人才招生与培养体制禁锢了部分创造型人才的选拔。当今在中国的某些高校中，多数教授说话是不算数的，没有真正的话语权。要想说话、办事算数，就要既当教授又做领导，这就是为什么在这些高校中，教授们不热衷潜心治学，而挖空心思争做领导。

　　刚才我提到的是我国高校办学体制上的问题，当然相关体制问题还有很多，一言半语也讲不完；从一个方面就可以看出和国外高校在办学理念、人才培养上的差距了。

　　我国高校的师资队伍大部分是绝对固定职业，只有很少部分为流动职业，即使流动也是因为各种原因，这种端着金饭碗的用人制度，和国外高校师资的用人方式有很大的不同，国内高校教师普遍缺少真正的压力，即使有压力也只是要达到高校对教师学位和升职称的规定要求，只要达到学校规定的职称评审条件，评上了职称，也就没有什么后顾之忧了。现在国内的高校招聘教师一般都需要有博士学位。但是，有些高校并不关心招聘的教师所读的博士学位和本专业有没有关系，只要能提高学校或学院博士学位的百分比就行，只要有博士学位就达到了升职称的基本条件，没有博士学位再优秀也不行。比如很多学艺术学理论的教师（本科有些是学英语、新闻、文学、旅游等专业的），从来没有学过任何设计，也去教授设计专业学生的设计课程，也去指导硕士、博士做相关设计方面的论文，真是误人子弟。很多高校在招聘教师（要求具有博士学位）中，是为了给脸上贴金，是面子工程，招来的教师是不是具有教授相关专业的实实在在的水准，根本不管。很多学校在专业课程的设置与安排上，不是真正按照培养学生专业学习的要求进行科学的安排，而是按照哪些老师会什么来设置课程；如果不这样有些老师就要下岗，没有饭吃。这种大锅饭的用人体制，造成了教师的专业水平的良莠不齐，教师没有真正的竞争和危机感，只要不犯错，水平尽管不高，学校也不能开除他。这也是国内高校和国外高校在教师用任上的差异。

我国市场经济的快速发展，给很多教师利用自己所学的专业知识为我国的经济建设发展服务创造了条件，这本来应该是一件双赢的好事；但有很多教师在名利面前，已迷失了方向，丧失了良知（连评院士都敢造假）。招生腐败、学术腐败、申请科研经费腐败、科研成果造假等等现象，充斥着高校曾经纯洁的圣地，很多教师忘记了自己的本职工作（不是真忘记），真正潜心研究教学和如何培养学生的教师寥寥无几，有些教师整天乐于在官场转悠，在商场忽悠，受人尊敬的老师，已经被学生习惯叫老板了，这种潜移默化的作用，如何能培养出具有正确的人生观与价值观，为社会做贡献的学生呢？现在的老师和过去的老师比，缺失了什么？我个人认为，缺失的不一定是知识与能力，缺失的是一种高尚的精神追求，和对社会与未来的一种责任心及担当精神。最近，浙江大学决定每年拿出2000万，专门奖励那些潜心研究教学，把培养学生作为己任的教师，这让我们看到浙江大学是真正重视了学生的基础教育与人才的培养，回归了大学的本质。

如何借鉴国外高校的教学经验，现在国内有条件的部分高校正在尝试，比如国内外高校相关专业互换学生，互认学分，校际之间共同设置课题，由外国学生和中国学生共同参与、国外与国内教师共同指导，聘请外国老师开设专题设计课程等教学模式。现今，这种教学与培养改革模式也只能在国内少数有条件的高校和相关专业开展，绝大多数高校是做不到的。

总之，在人才培养模式上，国内高校和国外高校相比还是有很大差距的，我前面谈到国内高校的一些现状（还有很多）就奠定了差距的存在，某些环节出现了问题，其他部分不可能运转正常。

对话设计师

设计师：杨侢

简介： 杨侢环境艺术设计有限公司创办人及首席设计师。

他的时尚环境认知：他认为空间是有生命的，不是物理意义的，也就是说，空间像人一样，也要有神与情，要注入与人有关的情节，如文化、本土人情等。作品要不脱离生活，才踏实、有内涵价值。除此之外，好的作品，要运用设计元素制造相互矛盾、撞击，才使作品富有生命。比如，色彩和颜色，在他看来具有质的区别，色彩是有生命力的组合，而颜色只是材料。

编辑：您认为"时尚"、"环境设计"与"经典"有怎样的关系？"环境设计"可以"时尚"吗？

杨侢先生：广义上，环境包含自然环境和人文环境。首先，我认为环境设计主要是针对人文环境的改良、创造，如何使之与自然环境更好的平衡、和谐，形成良好的社会生活环境是我们生存的大问题，这是人类的智哲之举，也是我们设计的主题。

在环境设计中，我们会运用各种要素表达环境的用意，给人们带来不同的体验，有生活上的，有商业上的。在这里，我个人认为"时尚"属于设计中经常运用的元素，从时间上体现出环境的前沿性，有动态感及潮流感，和一定的"不确定"的"确定"，体现它的悬而之美；与"时尚"的时间性相对，"经典"存在于环境的过去时，经过历史与时间的考验，有着恒久之美。

相比现在、过去而言，"时尚"是新生的力量，存在于时间的前端，充满活力之美。在环境设计中，"时尚"多为创新性，有着对未来环境发展的预见、感悟，及对潮流趋势的引导。针对它的存在，从狭义的角度去理解，我认为，设计中"时尚"的元素用在有公共性的商业环境，有激情、活力和新鲜感，会激发羊群效应，以及有商业价值的氛围。

编辑：您如何理解"时尚环境设计"？是否可以用"新奇、美、让人欣赏"来诠释"时尚环境设计"？您认为，当下中国有哪些设计作品是可以归属为"时尚环境设计"的？它们对提升我们的生活品质有何现实意义？

杨佴先生：我们可以从这个角度去理解，如果把过去的形象元素（如身边的一些物体）重新改变它的存在方式，就会产生新的感觉，我们习以为常的身边的东西，只要对其存在形式上加以改变，我们的观察角度也会改变，创造出新的事物，让人好奇、新鲜，有时尚感。

"时尚"也是艺术，但所有这些表达行为都是界定在我们的人性及思想的轨迹中，创新是"时尚"的生命，但不是所有的创新都有生命。

从"时尚"的时间属性来讲，过去也将成为开始，只是存在形式和观察角度发生了变化。举例来说，中式的设计风格在十几年前是土气，欧式风格洋气、时尚；现在不同了，中式风被世界青睐，现在的中式也感觉高贵了，悦榕庄及一些有设计感的中式精品酒店，已成为引领时尚及东方人文价值的趋势。过去中国城市中的老建筑大多都拆了，没考虑后代的环境价值，现在住在四合院，应该算是时髦的生活方式了。

除了在文化风格上价值趋向的变化，今天，由于科技的进步和经济的发展，设计的结构技术与表达形式本身发生了很大的革命，设计师不会因为更多的技术结构问题而困惑，基本能达到心想事成。时尚、新鲜的设计很多，如一些重要的公共广场建筑、体育馆、剧场等。另外，人们可包容、体验的环境也丰富多了，如废旧工厂成为时尚的LOFT、创意园，旧谷仓成为景观环保别墅……

由于我们的环境污染越来越严重，生态发展不平衡，能源匮乏等问题，对此，节能环保、再生利用已成为环境设计的首要价值趋向，是当今的一种时尚与潮流。

环境设计的深层意义在于，解决我们生存环境的平衡、和谐之美，"时尚"作为环境的创新动力，是生活活力及生命所需的期望，是价值趋势的引领者。

编辑：设计界一直存在一种观点，即一个设计师的价值，往往不在于他做什么项目，而是在于他不做哪些项目。于企业而言，一样如此，大到环境设计研究院，小至环境设计工作室，一个正确的抉择不只是影响企业形象，更可能引领一种"时尚"观念。您作为一名成功的设计师，同时也是一名成功的领导者，请谈谈您的成功经验？

杨佴先生：作为一名设计师，我倾向于追求简朴、单纯的价值，"崇尚专业，用作品说话"，是最好的解答。设计也是一门哲学，没有一定的思想理论做根基，就更不用说解决大到影响人们生活的自然环境的问题了；设计也是创造，是一种新的思维、新理念的呈现，成为时尚的先锋。一个有影响力的设计师，对生活环境的影响固然重要，更多的是会引领人们对环境价值的方向性。

珠海嘉远世纪酒店

Inga Powilleit摄

设计师：Ben van Berkel

简介：UNStudio创始人、首席建筑师、哈佛大学设计学院客座教授

Ben van Berkel看"环境设计"

我们需要重新思考我们的实践方式

Since it became apparent that we needed to readjust to new economic and environmental situations we have had to live and work under new conditions. New understandings and awareness can connect and deal with the changes that are currently taking place in our environment; from climate change to how people currently operate socially compared to ten years ago. A new form of political responsibility has re-emerged and we, as architects, have had to readjust our focus. We have to be alert to and aware of current trends and changes which will determine to a large extent our environment in the future. Architects design environments.

We dress the future and in order to do this we need to rethink our practices and forge a new understanding.

在我看来，我们要在新的环境下生活与工作，就需要适应新的经济与社会条件。相较十年前，不只是气候发生翻天覆地的变化，人们介入社会的方式也在不断地改进。我认为，新的理解与认知可以应对正在发生变化的环境。现在存在一种新的社会责任，作为建筑师也应该拥有强烈的社会责任感，我们应该调整设计的焦点，警惕并有意识地关注当今社会形势与变化，这将很大程度上决定我们未来的环境状态，以及未来建筑师的设计环境。我们关注未来，为此我们需要重新思考我们的实践方式，从而建立一种更融洽的观念。

设计应该具备包容性

In recent years it has become apparent that in order to be truly adequate sustainable architecture should far exceed the addition of any kind of superficial 'green' camouflage. Intelligent solutions need to be developed and integrated throughout the design of a project. Sustainable design should be an inclusive principle that encompasses everything from energy saving and the reduction of CO_2 emissions to material usage and social sustainability. It should encompass affordable and attainable solutions and provide healthy environments for the user. Designing truly healthy environments however does not only entail a necessary focus on physical wellbeing. Emotional health and social interaction also play an essential role. For this reason the architect needs to apply sustainability intelligently and to real effect on all scale levels.

近年来我们可以明显发现，为了实现真正的可持续建筑，需要做的绝对远远超过各种表面的"绿色"附加设计。一个充满智慧的设计方案需要把"可持续"的思想贯穿于项目设计的始终。同时，可持续的设计应该是具备包容性的设计，涵盖了从节能和较少二氧化碳排放到材料的合理运用以及社会的可持续发展。它应该是能为用户提供负担得起的、可以实现的、能提供健康环境的解决方案。而真正健康的环境设计也绝不仅仅只是关注身体上的健康，更需要关注心理上的以及社会关系的影响力。为此，我们建筑师需要把可持续的思维真正应用于设计的所有环节。

做"可达到"的设计

However, I prefer to refer to 'Attainability'; a combination of affordability and sustainability. This means that a variety of factors have to be integrated into design and that everything has to actually be possible - or attainable - practically, conceptually and

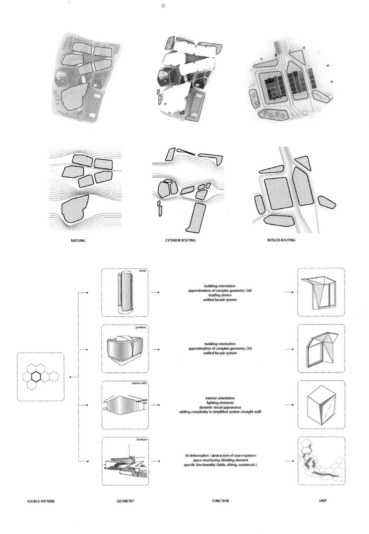

MASSING   EXTERIOR ROUTING   INTERIOR ROUTING

building orientation
approximation of complex geometry (3d)
shading device
unified facade system

building orientation
approximation of complex geometry (3d)
unified facade system

interior orientation
lighting elements
dynamic visual appearance
adding complexity to simplified system (straight wall)

3d deformation / abstraction of source pattern
space structuring (dividing element
specific functionality (table, sitting, counter, etc.)

SOURCE PATTERN   GEOMETRY   FUNCTION   UNIT

上海SOHO海伦广场

financially. For me this means employing an inclusive approach, rather than simply adding on high tech solutions, such as green roofs or smart facades. I'm fascinated by intelligent sustainability, by the whole structure of architecture. I believe in affordability – material affordability and program affordability – but this always combined with attractiveness.

当然，就我而言，更倾向于"可达到"的设计，这是结合了可负担能力与可持续性的设计。这就意味着各种各样的因素必须被集成于设计的始终，这样，不论在实际上、概念上还是经费上，设计都是可能的，或者说是可以实现的。这对我来说意味着不仅仅是设计一个绿色屋顶或是智能化的墙面这样单纯的高技术，而是使用了具有包容性的方法。我也一直着迷于在整个建筑结构上使用智能化的可持续设计。我相信强大的负担能力，比如材料的承受能力以及项目经费的支付能力，这些总能带来强烈的吸引力。

让建筑"可持续"

Through our own high-rise projects we have learnt that there are many ways to reduce both energy usage and the amount of materials needed for construction. For instance, by incorporating concrete core activation you can lower the height of the buildings and make them more compact, whilst the use of reflective facade elements can reduce the amount of direct sunlight to the interiors. Natural ventilation principles can also be integrated in order to create hygienic air circulation and save on energy draining and expensive air conditioning. Reducing weight in the structure also results in the reduction of material use and leads to reduced foundation weight.

此外，我通过接触高层建筑项目，了解到可以运用很多方式来减少能量和材料的消耗。比如通过合并核心空间、降低建筑高度从而使空间更加紧凑；比如建筑运用反射性立面元素减少了室内的阳光直射；比如自然通风原则也被整合到建筑中，以创造清洁的空气、减少能量排出与高昂的空调费；比如降低结构的重量是较少材料使用的结果，同时也会致使基础重量的降低等等。

Also of interest to me however is the possibility to stimulate pedestrian movement in tall buildings through the use of void spaces and staircases between groups of floors. Most skyscrapers only have fire or emergency staircases and rely on elevators for all vertical pedestrian movement. However, by strategically adding staircases between certain levels, or groups of levels, you can shape pedestrian

flow in relation to program and at the same time reduce the need for elevators.
In terms of social sustainability I am interested in designing flexible spaces, where social interaction is possible and encouraged, but where also an element of private space is catered for; public spaces that are relational but at the same time individual.

另一方面我比较感兴趣的是空间中虚空与楼梯的运用，它们可以刺激行人的移动。大多数高层建筑都仅仅设有消防、疏散楼梯，几乎所有的垂直移动都依赖电梯。但是我认为，有策略地增加几个楼层间或是层组间的楼梯，可以形成人的流动，同时又可以减少电梯的使用。

在社会的可持续方面，我更喜欢灵活多变的空间环境设计，我不仅希望实现并鼓励社会大众之间的互动，同时也关注营造私人空间。公共场所应该具有互动性，但同时我认为它也应该满足个体的空间需求。

设计师：杜昀
简介：毕路德合伙人、国际知名建筑师

他的观点：建筑是生活方式的固化，多元的生活方式启发多元的建筑解决方案，应根据具体的案例打造适合的概念；而设计作为艺术是建筑这件消费品的基本价值的增量，因此建筑设计应与业主、市场、最终消费者的需求相结合，最终上升成为可消费的艺术。

编辑：您认为"时尚"、"环境设计"与您的"艾伊河滨水景观公园"设计有怎样的关系？
杜昀：在"艾伊河滨水景观公园"这个方案中，应该说"环境设计"是它的基本属性，"时尚创新"是它的设计追求，"城市效益提升"是它的实现目标。

拥有优美的城市岸线环境几乎是每个滨水城市的梦想，艾伊河所在的银川也一样。如何基于现实的环境基础进行设计提升，从而构建出一个对银川具有时代意义的滨水生态游憩公园，是这次设计的核心任务。所以"基础的环境氛围、时尚创新的设计和城市效益的需求"也将是这个方案唯一的根本出发点。

编辑：您觉得"环境设计"可以"时尚"吗？请具体举例。
杜昀：当然可以，而且是必要的。
"设计要为时代而作"。就像在"艾伊河滨水景

上海SOHO海伦广场—设计概念

overall concept

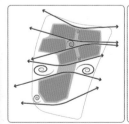

观公园"这个案子中，如果是用一种传统的园林造景手法去"装修"它，我想也能创造出一个表象优秀的城市环境，但是这种方式能满足这个设计的需求吗？显然是不行的，因为可能会产生比如"城市生态格局的问题、景观游憩的问题、现代审美的问题、作为城市基础设施的需求问题"等一系列的问题，到最后可能就是"科学性和城市性"的问题了。

因此，我们必须时尚，必须创新。设计基于土地和城市的真实诉求，提出了"反修饰、新景观"的理念，提倡"城市安全生态格局的建立、游憩体验新景观的创造、在自然本底环境之上构筑艺术空间以及编织城市滨水复兴梦想"等具有科学性和创造性的营造方式，符合时代和城市发展的需求。

编辑：在设计中，您将什么样的设计理念融入于艾伊河滨水景观公园设计中？

杜昀：在这个设计中，我们提出并运用了"反修饰、新景观"，希望从城市的景观环境建设上出发，打破传统的误区，从而实现一种正确的、具有科学价值体系的景观系统。

①反对生态的"浅尝辄止"，建立安全的生态格局。

在设计中，迫切的问题是城市应该如何利用自然生态资源和水资源使城市和自然交织交融，打破现状割裂的状态，建立起人与自然共享的空间。设立生态的滨水退台，让水以自然为界，让城市与水为友；凌架水上体验的步道空间，让人以自然为趣，让生态与艺术共生；尊重场地的自然本底，让自然与体验相依，实现场地的天人合一。尝试以一种科学的设计方式，解决人地关系的需求与矛盾，建立起可持续的景观新格局。

②反对园林的表面修饰，创造体验的生态新景观。

园林，在中国历史上很长一段时间里被定义为"士大夫的玩物"，随着时代的发展，今天的景观设计已发展成一种关注生活与生存的方式，最终建立起科学的、有效的景观新体系。

在设计中，对场地现有的状况采用梳理和保留的设计手段，同时在其中巧妙地用较轻的手法植入了水上栈桥、退台驳岸、自行车漫游道及休闲服务商业配套四个景观体验系统，编织起城市、水体、生态基底及人文活动的系统性环境氛围。用系统而不是修饰的方式实现城市、环境和人文三者的合理诉求，创造出一种具有新型体验与形象模式的现代生态新景观形象。

③借助特色的自然本底，建筑艺术的活力空间。

大面积的舶来草坪与异域树林装点下的空间，不是我们对景观概念的诠释。在自然的基础上，对生态植被进行调整和疏导，形成生态自然、精致有序的植被群落新景象。艺术的水上栈桥，以不破坏整体生态的环境为底线，以城市艺术雕塑的形象需求为出发点，塑造连续的形体和精美的细节，形成艺术交织的火花，满足独特休闲体验的同时为区域带来建筑艺术的新活

艾伊河滨水景观设计

力；在运营新美学的构建中，试图渲染艺术与活力的场所氛围。

④经营城市的滨水复兴，编织城市的美丽梦想。

城市的滨水区域应该是最具活力的都市地带。设计由"金凤栖水、塞上奇观"抽象出来的折线造型，阐述公园现代游憩体验的主体空间结构，通过对艺术景观和生态格局并重的同时介入地域文化与特色，营造一条视觉享受和生态休闲的记忆性景观地标，把艾依河滨水景观公园打造成中国西北地区最具影响力城市轴线，形成银川面向世界的形象窗口与大气连贯、视觉冲击力强的城市景观新形象。

CHINA
ENVIRONMENTAL
ART DESIGN
中国环境艺术设计 05

HISTORY 历史篇

项目信息

项目名称：云建筑Cloud Pavilion
项目地址：上海市
设计单位：丹麦SHL建筑事务所（Schmidt Hammer Lassen）
施工单位：徐汇滨江开发投资建设有限公司
建筑面积：455.69㎡

云建筑
Cloud Pavilion

沿着上海西岸滨江的行人步道漫步，便会发现这江边的一朵云彩，"云建筑"她的轻盈、虚幻、无形强烈地吸引着
我们驻足，而旁边的辅助建筑又人性化地为我们提供了一个休憩、放松的空间

2013年10月20日，中国上海西岸建筑与当代艺术双年展正式开幕了，由丹麦Schmidt Hammer Lassen建筑事务所设计的新展馆也正式开放。本次双年展是以"进程"和"营造"为主题，展示当代建筑、艺术与戏剧。Schmidt Hammer Lassen建筑事务所受邀与国内外知名建筑师、建筑事务所一同参与，其中也包括2012年普利策奖获得者王澍。

Schmidt Hammer Lassen建筑事务所设计的展馆，是由一个意为"祥云"的艺术装置和一组将来可用作咖啡馆、画廊和书店的盒子辅助展馆组成。这些展馆被安放在徐汇西岸滨江现有的一座工业塔吊旁。这座高大的塔吊是全世界公认的工业化标志，它象征着平衡性、功能性和稳定性。"云"展馆则是放大了这些特性，并与其形成鲜明的对比。

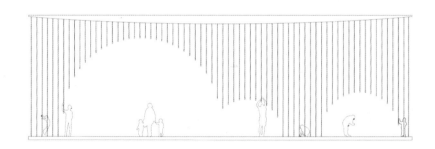

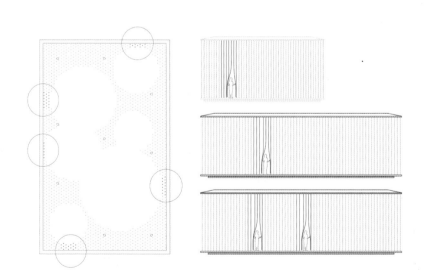

本页-上/云建筑效果
本页-右中/本页-右下/分析图：云建筑是一个能让人身临其境的互动装置

对页-上/云建筑概念
对页-中/对页-下/可以移动的云建筑

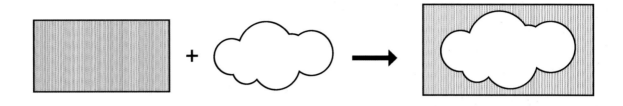

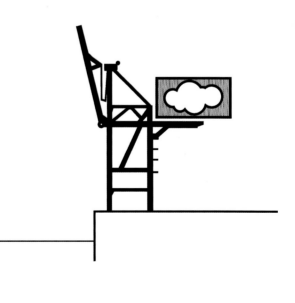

拥有25年经验的丹麦SHL建筑师事务所是斯堪的纳维亚地区屡获殊荣的最知名建筑师事务所之一，致力于创新和可持续设计，事务所在奥胡斯、哥本哈根、伦敦和上海设有办公室。

丹麦SHL建筑师事务所的作品非常注重建筑物和其环境之间的紧密联系，利用自然资源，比如光线作为设计过程的组成部分。如同可持续性、功能性是每个项目的关键，事务所还竭尽可能地探索艺术、设计和建筑学之间的重要关系。

丹麦SHL建筑事务所（Schmidt Hammer Lassen）访谈

编辑：请问设计师是如何想到"云建筑"的概念呢？它与中国文化符号"祥云"有什么联系吗？

SHL：在上海徐汇滨江的西岸，"云"展馆被安置在一部老旧废弃的塔吊平台旁。这座高大的塔吊是工业时代的象征，是全世界人民都不会错认的标志。塔吊给人一种平衡、性能和厚重的感觉，而"云"则致力于放大这些质素并与其形成对照。云是集轻盈、无形、虚幻为一体的完美典范，它与塔吊所表达出的机械厚重感形成鲜明对比。再者，祥云是具有代表性的中国文化符号，其文化概念在中国具有上千年的历史。

编辑："云建筑"建造的地点在徐汇滨江有什么历史含义吗？

SHL：双年展位于徐汇滨江的塔吊旁，设计师通过在地面上布置一组优雅的体块，与基地的历史和工业化特性建立起一个清晰的视觉上的联系。"云"虽然很符合北欧的风格，简洁而干净。但是，这个创意完全是符合上海本地文化的，这些完全是视本地的情况而定的。

编辑：设计中有哪些新材料运用？它是否体现了生态性呢？

SHL："云"是由并列的几何球面相拼而形成的，成千的白色悬垂细绳和具有反射性的不锈钢饰面呈现在天花和地板上。由此产生的视觉效应不仅增加了参观者进入建筑物内部空间的一种特殊体验，同时又可以透过隐隐约约的云朵对周围的环境有不同的体验。"云"的如何移动与参观者在展馆内部如何移动和互动密切相关。风拂过细绳带起轻微的晃动，使人们能够感受材料自然的特性及其所形成的柔性空间。而不断变化的天气和一天内不同的时间都会令整个空间的氛围有所不同。在地面上所布置的盒状体块，在外层包覆耐候钢，这是一种经济又富有表现力的材料。它的颜色和逐渐锈蚀的特性都加强了建筑与工业文化之间的关系。

编辑：怎么去理解云建筑、塔吊与人三者之间互动关系呢？

SHL：我们考虑了那里的历史，但是业主也希望我们能够看到未来，西岸的未来，上海的未来。"云"展馆是一个可以给人带来互动和身临其境体验的空间，而盒状体块则提供服务，可供休憩、简餐等。塔吊很重，于是做了云展馆，一个重一个轻，这是和艺术相关的部分。另外一部分是展馆，在塔吊的另一边做成集装箱样子的展馆，以后可以作为咖啡厅、展览馆使用，既能顾及本地的历史，又能照顾到未来。这个项目只有几个月的时间，非常紧张，但是我们还是做到了很好的交流。

By following the path along the riverside, visitors are led to The Cloud and can walk through it as part of their stroll through the biennial area.
A clear visual connection to the history and the industrial nature of the site is created by the support facility pavilions. These are clad in corten steel. Their colour and texture underline the pavilions' relation to the industrial heritage. The shape and orientation of the pavilions were determined by the views towards the nearby bridge, the crane and the river. While The Cloud is intended for experience, interaction and activity, the support facility pavilions are for contemplation, rest and relaxation.

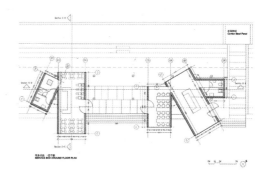

本页-上 / 一层平面

对页-上 / 视线分析：服务盒的大小及偏转根据高架步道现有的柱子及四周的景观决定
对页-下 / 辅助建筑效果

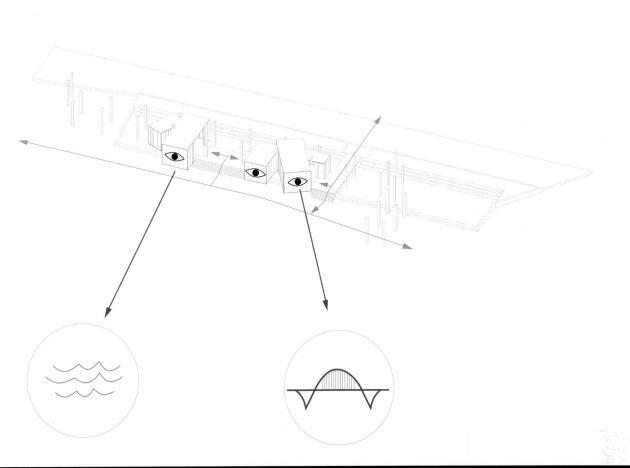

项目信息

项目名称：水塔展廊（改造）
项目地址：中国，沈阳－铁西区
项目业主（委托方）：万科企业股份有限公司
设计单位：META-工作室（META-Project）
建筑面积：30 ㎡
设计时间：2011年～2012年
建成时间：建成

新旧的重叠与重生
The overlap and
the Rebirth

作为中国曾经最主要的重工业基地，沈阳铁西区遍布从那一时期保留下来的大大小小的工业遗迹，随处可见的水塔似乎成了反映着这一区域工业历史的独特印记，标识着在持续不断变革的现实中依稀可辨的锚固点。看看META-工作室如何将水塔新与旧的设计完美融合……

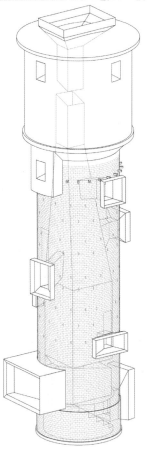

本页-上 / 水塔外景
本页-右 / 水塔局部
本页-左 / 整体轴测

对页-上 / 轴测展开
对页-下 / 立面＋平面

　　位于北京的研究设计机构"META-工作室"近期完成了一个水塔改造项目。这一改造力图将新的现实以一种复杂精巧的方式植入到旧的工业遗址内。

　　水塔位于沈阳铁西区的一个老厂区内，其基址前身为中国人民解放军第1102工厂，是一家成立于1959年"大跃进时期"的军工厂。2010年，水塔的转变开始了，万科集团将其周边的几个工厂收购，作为沈阳蓝山项目用地。伴随着周边城市的建设，这一水塔却被完好的保留下来——作为原有工业历史的记忆片段，并期望能够在未来成为提供某种公共功能的场所。

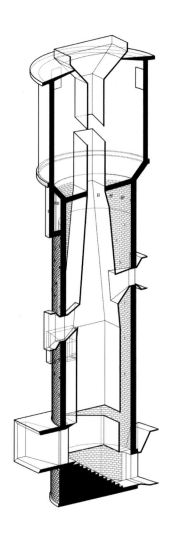
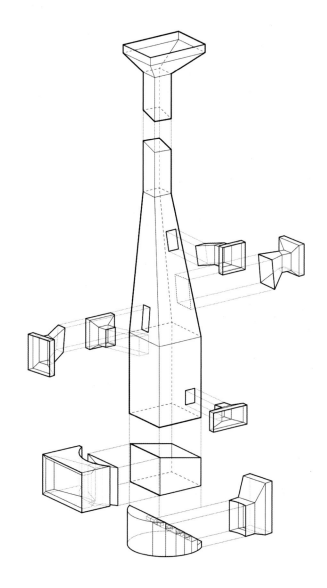
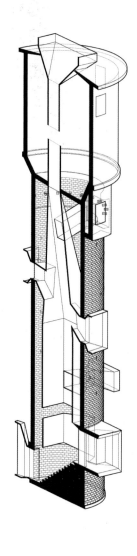

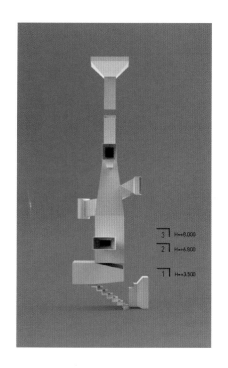

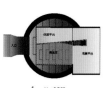

1   H=+3.500

2   H=+6.800

3   H=+8.000

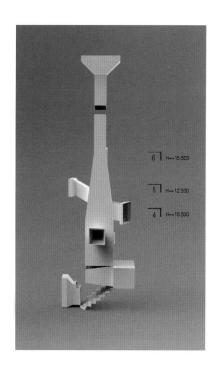

3   H=+8.000
2   H=+6.800
1   H=+3.500

6   H=+15.500
5   H=+12.500
4   H=+10.500

4   H=+10.500

5   H=+12.500

6   H=+15.500

对于META-工作室来说，这一水塔提供了精心设计的线索：从空间上，它恰巧位于铁西区遗留的工业肌理与即将兴起的复合型居住社区之间的边缘上；而在时间上，脱离过去的重工业历史，转型并加速发展的铁西区又将它推到这一新旧时间的交汇点上。我们借此展开了如何将这一水塔置于连续时空中的改造思路，而并不是将其视为一个孤立的事件——改造后的水塔，其外在形成城市景观中的一个艺术装置，而它的内在将为周边落成后的社区提供一个新的公共活动空间——水塔展廊。甚至在日常的使用功能之上，它还可能成为具有某种精神性的场所。

改造是在对待历史与现实的审慎态度下展开的，并探索如何将新的现实植入历史样本中：一方面，我们尽量不去碰触完整保存的水塔本身，只进行必要的结构加固和局部处理了塔身上原有的窗洞口；另一方面，新加入的部分——一个复杂精巧的装置被植入到水塔内部，中间的主体是两个头尾倒置的漏斗，较小的位于水塔顶部收集天光，较大的在塔身内部形成了一个拉长的纵深空间，并连接着多个类似"相机镜头"的采光窗——这些将环境光线经过间接反射导入水塔内部的采光窗从塔身上每一个可能的开口"生长"出来。水塔的底部，连接入口与抬高的观景平台之间用回收的红砖砌成可坐的台阶，这里将成为一个"小剧场"，为周边的公众提供一个小型活动或集会放映的场所；从这里向上看，水塔成为一个间接的感受外部世界的感觉器官，光线从顶部的光漏斗及每一个不同形状及颜色的窗洞口进入到水塔中心的隧道内，并在一天之中持续着微妙的变化。而从悬挑出塔身的观景平台向周边望出去，这一装置则成为一个单纯的观察外部世界的取景器。

代表新现实的装置由钢板和玻璃构成，明确的几何形体以及醒目的色彩使之与饱经历史的斑驳的旧砖墙形成充满张力的对比，对现实与历史之间的差异构成一种特定的表达。每到夜晚，厚重的水塔渐渐在黑暗中隐去，而明亮的发光体将成为飘浮在空中的鲜明信号。

透过这个水塔的改造，我们提出询问：将如何看待这段历史？又如何理解变革的现实？

对页·左上／水塔外景
对页·右上／局部水塔夜景
对页·左下／水塔内部小剧场

本页·左／从小剧场通向观景平台
本页·右／在水塔内部向上看：光线在一天内持续着微妙的变化

项目信息

项目名称：蓝色顶层复式公寓
项目地址：上海市
设计公司：Dariel Studio
设计师：Thomas DARIEL
设计助理：Justine Frenoux
项目经理：陈一凡
摄影师：Derryck Menere
面积：400㎡
完工时间：2013年3月
主要材料：乳胶漆涂料、油漆、实木复合地板、玻璃、大理石、镜面、护墙板

B蓝色顶层复式公寓
lue Penthouse

对于任何一位室内设计师而言，为一个家庭打造一个集功能性和吸引力于一体，同时又独一无二的家是项艰巨的任务，而这次 Thomas Dariel 接受了挑战。经过了数月的翻新和整修，设计师彻底地将原有空间转变为一个宽敞、现代而精致的顶层公寓。

对页 / 宽阔的挑空客厅凸显了建筑结构和现代感

本页-上 / 公寓结构的点睛之笔
本页-左 / 充满现代感与艺术气息的室内改造设计

设计师希望打破原有的基础体量，使空间显得更为开放。宽阔的挑空客厅凸显了建筑结构和现代感，大面积地使用飘窗在最大程度上增加了采光。原先客厅外的小阳台也被打通作为新的室内空间，增大了客厅的休闲区域。抬眼向上看去，一个经过全新设计的立方体空间悬空在客厅上方，作为业主的工作房。这个立方体空间的悬空概念与复式跃层结构相呼应，更添一分意味。玻璃的墙体使得业主在工作间隙能与在楼下客厅的家人互动。

设计师同时也希望改变每个空间连接的方式。因此楼梯被重新设计并安置在整个空间的中心位置。犹如一件艺术品，这座白色的旋转楼梯同时也兼具了连接各个房间的作用。它是这间公寓结构的点睛之笔，亦是整个设计的核心。为了凸显这一概念，楼梯那简洁而流顺的圆弧形线条在黑白不规则拼接大理石地砖的映衬下，犹如一方流转着现代感与艺术气息的舞台，与四周装饰着典型的法式线型木质墙面形成强烈对比。旋转楼梯、地板和墙体构成的一个圆形的空间呈现出和谐优雅的气质。

业主一直强调希望能带给他一个宁静惬意的氛围。这个公寓位于住宅楼的顶层，颇为隐秘安全，也从高度上隔绝了都市的嘈杂。设计师同时也期望从他的设计中体现出这一特质：每个房间之间流畅地切换，重复而对称的法式线型不断地在整个空间中上演；隐形门的设计满足私密性的需求且不破坏空间的韵律；蓝色的运用散发令人放松慰藉的质感。这些重要的设计元素无一不渲染出整个空间的悠然和雅致。

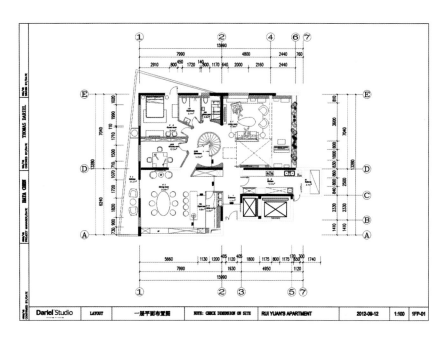

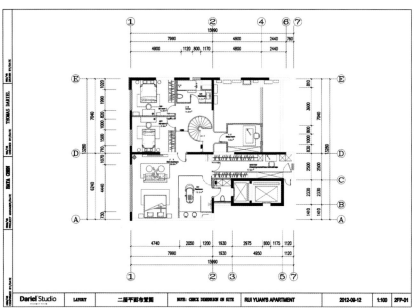

本页·左上 / 一层平面
本页·左下 / 二层平面

跨页 / 特别设计定制的天花板、墙体、储物柜和家具彰显了整体的设计感

　　这个风雅的公寓设计中每一处细节都凝结着设计师的巧妙心思。特别设计并定制的天花板、墙体、储物柜和家具彰显了整体的设计感，使空间焕发出精致考究的气息。由皮革和亚麻布包覆的手工定制的柜子、衣柜和抽屉，其设计灵感取自复古的行李皮箱，紧扣业主爱好旅游这一特点。儿童房中，由设计师独家设计的壁纸糅合了文化、乐趣与诗意。整个公寓里的空调出风口，都用刻上法国名句的不锈钢板来展现另一种优雅，同时也回应业主期望学习法语的热情。强烈的设计概念和视觉享受、缭绕不尽的细节、出自大师的家具和灯具、高品质的设备和高科技的应用，都造就了这个小小乐园。

项目信息

项目名称：树美术馆	
地点：北京，宋庄	
总高：18.78 m	
建筑面积：3200 ㎡	
占地面积：2695 ㎡	
设计单位：大章建筑事务所	
设计团队：戴璞、冯静、刘毅	
结构师：黄双喜	
给排水：雷鸣	
暖通：王鸽鹏	
电气：王翔	
幕墙：北京多尔维幕墙工程公司	
摄影：舒赫、夏至	
设计时间：2009年11月	
施工时间：2010年11月～2012年9月	

树美术馆
Tree Art Museum

希望人们从一开始便被友好的形象吸引，视线和身体可以不自觉的跟随弧形的楼板线进入到美术馆的内部。人们可以选择从入口倾斜的楼板首先进入二层，也可以选择被第一个庭院的水池吸引，经过平静的水面过滤掉外界的心绪，进入一层的展厅。天空也被映射到地面上来，让人不经意忘掉外界的环境。

本页-左下 / 从设计草图中看到像是
"双臂拥抱"的意向图，设计师希望
借此表达一种庇护感

戴璞访谈

戴璞：大章建筑事务所设计总监

编辑：请您谈谈"北京宋庄树美术馆"项目的设计背景以及设计意义。

Daipu：2009年通过一位朋友的介绍认识了业主，业主事先也找过其他建筑师，直到我们聊了以后，建立起了互相信任的基础，进而决定一起实现这一项目。

编辑：您希望通过该项目传达怎样的设计理念？

Daipu：相比同时代其他追求奢华、生猛、霸气的标志性建筑，我希望这个公共性质的建筑可以通过最真实的建筑材料语言和自然界里的光线、水和空气营造出舒适的体验型空间。真实的材料表达其实比装饰性材料更具挑战。但这是一个态度的选择——如何看待自己和自己的世界。

编辑：我从您的设计草图中看到像是"双臂拥抱"的意向图，请问您是否想通过这样的形式表达融合自然环境的思想观念？请做简要阐述。

Daipu：是的，因为场地以外就是恶劣的城镇环境，我希望我的建筑能给人以庇护感，拥有一个相对独立干净的世界。

编辑：从您使用的建筑语言中，可以看到很现代、很时尚的一面，而一座美术馆应该蕴含深刻的传统文化，您在设计中如何协调现代时尚与传统经典的关系？您认为经典何以时尚？

Daipu：从顶层庭院往下看的时候，你会清楚地看到这其实还是一个传统院落的层次安排。从外向里一层层的由公共、半私密半公共到最私密的庭院，这几重庭院是通过光线在不同标高串联起来的。业主自己在那工作生活后，也告诉我，他觉得这其实是一个传统空间的现代拓扑和发展。

编辑：现在中国很多设计是设计公司和建造公司分开进行的，而您提供了很多现场施工照片，请问您是全程跟进的吗？请问在施工过程中有没有更改原设计方案？您认为这些更改是否对于设计有更大的现实价值？

Daipu：是的，这是我第一个项目，当时只有我自己，每周都会去工地，一不小心就去了一二百次。一点点地记录下这个房子的生长过程。这个项目也没有监理，所以为了让施工队贯彻自己的理念，花了巨大的努力和代价。

由于是当地施工队，他们追寻的利益最大化和我们对建筑品质的追求很多时候是存在根

本分歧的，所以和施工队处理好关系也很重要。从最初的设计到最后的建成，基本上没有大的改动，但是细节地方，还是有很多无法实现的让人心痛的地方，曾经为此两天两夜睡不着觉。

编辑：您现在有哪些正在进行的项目吗？"北京宋庄树美术馆"项目对正在进行的这些项目有何积极影响？

Daipu：2013年9月的时候完成了一个办公室室内改造项目，这个项目在浙江，完成度更好一些。

树美术馆的发表的确容易让人认识到建筑师的存在感，不过还是需要更多的好项目积累。

当时在没有一个自己的项目建成的情况下，业主肯委以重任，对此我很感激，这也是支撑我坚持工作下来的原因之一。

编辑：您未来更希望接到何种类型的设计项目？您对以后的发展有何期盼？

Daipu：希望能多做一些公共类型的项目，相对尺度规模大小，我认为业主或者开发商的愿景对一个项目更加重要。此外，个人类型的项目，如果业主愿意接受新鲜理念，愿意

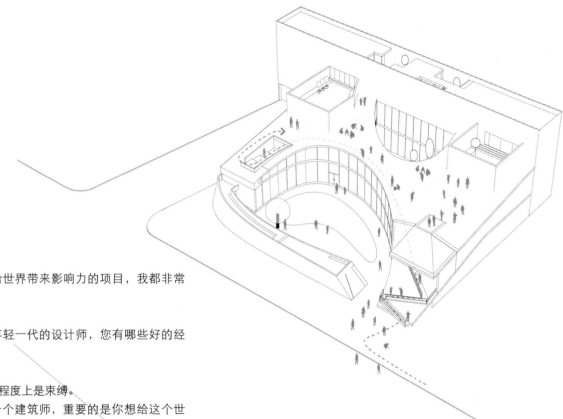

和我们一同探索给世界带来影响力的项目，我都非常愿意接受。

编辑：作为中国年轻一代的设计师，您有哪些好的经验和大家分享吗？

Daipu：经验某种程度上是束缚。

我认为身为一个建筑师，重要的是你想给这个世界带来什么样的影响。

项目位于中国北京宋庄。地处一条主要公路的路边。原有的村落景观逐渐消失，被大尺度的适合车行的地块划分取代。虽然这里有艺术村的名声在外，但没有当地朋友的推荐，很难在这一区域停留，更难以对艺术氛围有深入的探访。因此，设计师最早的想法是在基地上创造一个不同于周遭的环境，适合人们在这里停留、约会以及交流的公共艺术空间。

对页-左上 / 对页-右 / 本页-上 / 舒适的体验型空间

本页-中 / 连续的屋顶广场
本页-下 / 施工过程

時尚·經典·可持續

項目信息

項目：上海萬科五玠坊售樓中心
地點：中國上海市浦東新區
設計單位：日本津島設計事務所
網站：www.tdstudio.jp
設計內容：總規，建築設計，景觀協調
景觀：studio on site
甲方：上海萬科
完成年份：2012年2月
照片：西川公朗
用途：售樓中心，商業
項目時間：2年

上海萬科五玠坊售樓中心
Shanghai VankeWujiefang
Marketing Center

設計師研究了中國傳統格柵，為項目量身定做了含有萬科標識的設計，讓建築體塊感覺輕巧，猶如白色羽毛浮在半空中。

津岛晓生（Toshio Tsushima）访谈

Editor: Please talk about the core idea that you want to express in this project.

Toshio Tsushima: The core idea is to link up the residential community within this project with the neighborhood through public spaces, while providing a security boundary.
In reality, it was essential for Vanke to secure the community space, separating the public retail space from residential space.
For us, it was very challenging to resolve these two contradictory agendas. The result was to blur the boundaries between public and private spaces while maintaining visual continuity from the outside to the residential area through this bridge, which act as a gate into the private area.

Editor: The art gallery "bridge" presents a striking impression to the public, what is the design inspiration?

Toshio Tsushima: The bridge acts as an invisible gate to suggest the area beyond this threshold is more private. The design reflects the essence of the traditional Chinese screen, which maintains visibility to the outside yet provides security and privacy.
We tried to achieve the design of a semi-transparent screen, which creates a layering effect to bring about optical depth as people approaches the project.

Editor: What new materials and techniques were used in this project? What were the eco-friendly design considerations?

Toshio Tsushima: We introduced a central greenbelt and waterway for this project. This greenbelt and water features serve not just to mitigate the environment, but most importantly to provide an urban breathing space for the residents, which is a very important factor in the highly urbanized China cities today.
Also, different from other places in Shanghai, the wind condition is very much influenced by the river nearby. We respected the natural wind passage and created enough space for wind to blow through.

Editor: As a Japanese designer, what do you think of this project, which is located in Shanghai, the fashion capital of China? Why do you decide to participate in this project?

Toshio Tsushima: Unlike other Shanghai urban area project, the building height limit for this project is 15m. I am very interested in restoring traditional shanghai urban scale in a different way. For us, the Shanghai traditional housing typology was very inspiring.

Editor: From the design language and methodology, your attention to traditional Chinese culture is very apparent.

Toshio Tsushima: We respect the human scale of Chinese architecture, as well as the coherence of garden and interior spaces in traditional Chinese architecture.
We are also very intrigued by the traditional Chinese screen. We did a rigorous study and investigation on the screen design to animate views from the interior spaces. The screen is not merely decorative, but used as an instrument to make spaces more tangible.

Editor: In a project, there is a need for a holistic and integrated approach from architecture, landscape down to interior and signage design. How did you coordinate with the other disciplines to achieve this?

Toshio Tsushima: Our design team communicated with various designers from the different disciplines right from the conceptual stage. We respected each other and were willing to accommodate to make the design better and to achieve a more integrated design for the project.

Editor: What difficulties did you encounter in the design process? How did you resolve it and what is your vision for your projects in China?

Toshio Tsushima: Vanke as a developer needed to bring this project into the market. However the market doesn't always react like we expected it to.
For this project, it is not our intention to make it a sensational or dramatic product to capture people's attention. The design language is more subtle and sensitive to the living environment and thus it took time for people to really start appreciating the true value of this design, especially after they visited our project.
We strongly believe Shanghai Wujiefang will create a real, long lasting value for residential development in China, which is what we always strive for in all our design projects.

津岛晓生
津岛设计事务所董事长兼创办人

本页·左上 / 桥的设计反映了中国传统的隔屏元素，围护私人空间之余仍然保持对外的视野
本页·右上 / 住宅区之间的水景观
本页·下 / 上海万科五玠坊售楼中心入口处景观

编辑：请问您希望通过这个项目表达怎样的理念？

津岛晓生：项目的核心概念是在保证住宅社区安全的前提下，通过公共空间与项目地块周边连接。万科要求项目必须确保住宅区域与公共商业区有明显保安分区。

对我们来说，要取得开放联通的设计概念的同时满足实际保安要求有一定的难度。

也因此，我们精心设计了私人与公共空间的区分，让人们在项目内无法察觉保安线的界线，也保持项目中轴的视觉通透性。

编辑："艺术桥"给我们带来强烈的视觉冲击力，请问它的设计灵感是什么？

津岛晓生：这桥的设计用意在于体现项目的入口，虽宽阔通畅但也示意着桥后的空间较隐秘。桥的设计反映了中国传统的隔屏元素，围护私人空间之余仍然保持对外的视野。

通过一番探索，我们为项目特别设计了隔栅，希望取得半透明、有层次的感觉。

编辑：您在项目中是否运用了新材料和新技术？又是如何做到具有环保理念的设计的？

津岛晓生：项目的中轴线有个中央绿化带。地块内的绿化和水景除了缓解环境的冲击，最主要是在迅速城市化的上海，为业主提供一个难得的城市绿洲，让住在项目内的人们能有良好的居住环境，也能让孩子在健康的环境中成长。

同时，项目设计中也考虑了地块的主要风向，让住宅空间常有微风习习。

编辑：作为一名日本设计师，您如何看待这个位于中国时尚之都——上海的项目？您为什么决定参与这个项目？

津岛晓生：与其他上海住宅项目不同的是，上海五玠坊的建筑高度保持在15米。我个人对传统上海住宅街道比例特别有兴趣，希望在项目设计上对传统比例提出个人的见解。在设计过程中，上海传统的里弄房给了我很多的启发。

编辑：从设计手法以及设计语言都可以看到您对中国传统文化的关注，就中国文化而言，您有何见解？

津岛晓生：我非常尊重中国建筑的人性化比例以及室内空间与庭院的密切关系。

对于中国传统的隔栅，我和设计团队也经过一番深思熟虑，设计了室内对外的视野和体验，也巧妙地加入了万科的标志。这隔栅不仅仅为装饰，而是希望通过隔栅给空间形体定位。

编辑：我们认为，在实践一个项目的过程中，从建筑设计、景观设计到室内设计以及标识导向设计等等，都需要整体又综合的方法做指导，请问您是如何做到各部分之间的相互协调的？

津岛晓生：我们的设计团队从项目设计概念阶段开始就与不同公司的设计师和顾问协商。我们对每个专业的设计和想法表示尊重，也为让项目整体设计一致进行了多方面的调整与补充。

编辑：请问您在做"五玠坊"项目的过程中遇到过什么难题吗？您是如何应对的？您认为该项目在中国会有怎样的发展前景？

津岛晓生：万科作为项目开发商，需要面向住宅市场推广该项目，然而市场的反应是非常难预测的。

上海五玠坊并不希望哗众取宠，它定位在成为稳重又有内涵的设计。它含蓄但巧妙精细，主要为住户提供非常良好的生活环境。

上海市场已开始能领悟到这个项目的价值。我们深信上海五玠坊项目能为中国住宅发展树立良好的榜样。

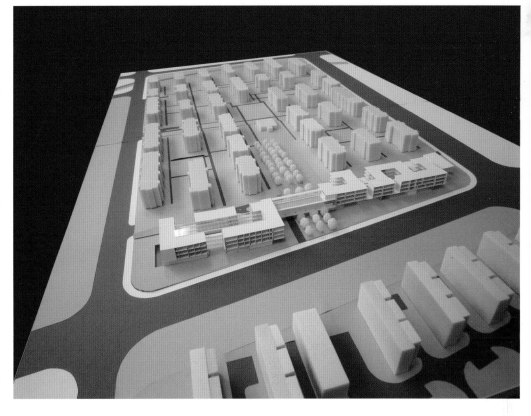

对页 / 上海万科五玠坊售楼中心夜间实景

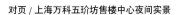

本页-上 / 特色展示"桥"下的艺术景观
本页-右下 / 上海五玠坊的建筑高度保持在15米，配合中轴线上的中央绿化带，为业主提供难得的城市绿洲

项目信息

项目名称：华鑫展示中心

地点：上海市徐汇区设计

建成时间：2012年~2013年

功能：展示中心

建筑面积：730 ㎡

建筑结构：钢桁架结构、混凝土剪力墙

建筑材料：镜面不锈钢、扭拉铝条、透明及丝网印刷玻璃、实面及穿孔铝板、豆石、水

设计小组：祝晓峰（设计总监）、丁鹏华（设计主管）、蔡勉、杨宏、李浩然、杜士刚

结构与机电设计：上海绿地建筑钢结构有限公司

业主：华鑫置业

摄影：苏圣亮

D 与大自然的对话
ialogue with Nature

如果说做设计的最终目的是寻求社会、自然与人三者之间的平衡，那么华鑫展示中心的出现则是最鲜明的实证，它的设计师就像大自然的搬运工，不是在创造建筑，而是把仿若天空之城的生态建筑搬进了这个浮

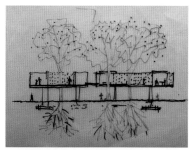

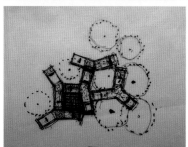

华鑫办公集群位于桂林路西，其入口南侧是一块绿地。这块绿地面向城市干道的开放属性，以及其中的六棵大香樟，成了设计的出发点，并由此确立了展示中心的两个基本策略：一、建筑主体抬高至二层，最大化开放地面的绿化空间；二、保留六株大树的同时，在建筑与树之间建立亲密的互动关系。

最终完成的建筑由四座独立的悬浮体串联而成。底层的10片混凝土墙支撑着上部结构，并收纳了所有垂直上下的设备管道，其表面包敷的镜面不锈钢映射着外部的绿化环境，从而在消解自身的同时凸显了地面层的开放和上部的悬浮感。四个单体围合成通高的室内中庭，透过四周悬挂的全透明玻璃以及顶部的天窗，引入外部的风景和自然光，使空间内外交融。

沿着中庭内的折梯抵达二层，会进入一种崭新的空间秩序。四个悬浮体的悬挑结构由钢桁架实现，它们在水平方向上以Y或L形的姿态在大树之间自由伸展。由波纹扭拉铝条构成的半透"粉墙"，以若隐若现的方式呈现了桁架的结构，并成为一系列室内外空间的容器和

间隔。穿行于这些半透墙体内外，小屋、小院、小桥，以及它们所接引的不同风景，将在漫步的路径上交替出现。大树的枝叶在建筑内外自由穿越，成为触手可及的亲密伙伴。

在这里，建筑的结构、材质和大树的枝干、树叶交织在一起，营造出纯净的室内外空间。这些空间（屋和院）在时间（路径）的组织下，共同实现了时空交汇的环境体验。这是一件由建筑和自然合作完成的作品。

如果人以积极的方式善待自然，也会得到自然善意的回馈。21世纪的建筑不仅要回应人的需求，更要积极担当人与环境之间的媒介。未来建筑的根本目的，是在人、自然及社会之间建立平衡而又充满生机的关联。

本页·左下 / 设计草图——勾勒出建筑的形态，记录了设计的灵感和意念

对页-上 / 本页-上 / 本页-中 / 本页-右下 / 在建筑与树之间建立亲密的互动关系

本页-左下 / 基地原状

项目信息
项目名称：外滩三号Mercato意大利海岸餐厅
项目地址：上海市
设计单位：如恩设计研究室
建筑面积：1000 ㎡

M外滩三号
ercato

在Mercato意大利海岸餐厅内，砖墙、混凝土、石膏板的工艺与钢筋结构的纯粹美感交相呼应，远眺外滩美景，俨然已回到当年的工业时代。

如恩设计研究室打造"工业感"米其林三星意大利餐厅Mercato。

Mercato意大利海岸餐厅由法国米其林三星大厨Jean-Georges Vongerichten主理,位于著名的外滩三号六楼,是上海第一家提供高档意大利"农场时尚"料理的餐厅。如恩设计研究室对这个1000平方米餐厅的设计,不仅着眼于主厨的烹饪思想,同时还融合了餐厅所在建筑的历史背景,让人回想起20世纪早期——当时熙攘的外滩是上海的工业中心。

外滩三号是上海首个钢筋结构建筑,如恩设计研究室的设计理念还原了原建筑的纯粹美感,在拆除原有多年前的室内装修的同时又注重保留原有老结构及老的施工工艺。接待台上方支离破碎的天花,外露的钢梁和钢结构柱,加上把LOGO背面残缺不全的墙面展现在大家面前的做法,都表达了对这个当年建筑界创举的敬意。新增的钢结构与现有充满质感的砖墙、混凝土、石膏板和建筑造型形成鲜明对比。通过新与旧的对比,如恩的设计不仅叙说着外滩的悠久历史,更反映出上海的岁月变迁。

迈出电梯,首先映入眼帘的是维多利亚式的石膏板天花,天花上斑驳的岁月痕迹与新增的钢结构相映成趣—沿着墙壁的储物柜,金属移门和钢结构上悬挂着一系列的玻璃吊灯——洋溢着老上海风情。正如餐厅的名字,公共用餐区的活跃氛围让人联想到街边的市场,其中心区域的吧台和比萨吧,四周包覆钢丝网、夹丝玻璃和回收木料。吧台上方的空心钢管结构,灵感来自旧时肉店的吊杆。这些钢管和裸露的金属吊杆错落交织在一起,刚好用来悬挂置物架和灯具。用餐区卡座区域的餐桌仿如拆卸开来的沙发,由现场回收的木材固定在金属框架里制作而成。

包房则如一个个金属框架的盒子,墙体是由不同材料组合而成:回收的老木头、天然生锈铁、古董镜、钢丝网,还有黑板,带有重工业时代感的墙面绘画,这一系列的设计元素无不让人联想起外滩的历史长河。包房顶部的一圈波纹玻璃营造出空间的通透感,而包房之间的移门则赋予空间极大的灵活性。同样的设计语言也应用在连通厨房和餐厅的走廊上,受老仓库窗户的启示,带有背景照明的波纹玻璃墙也鼓励厨师和客人进行更多的互动。

就座于餐厅边缘的客人体验到的是另一番情调。为了把光线引入室内,餐厅的边界是一个中间区域:连接室内与室外、建筑和景观、家庭和都市。石灰粉刷的白墙将其他丰富的材质和色彩隔离在外。餐厅空间的焦点是远处那让人窒息的外滩美景,把城市的天际线带到餐厅里来。

前页-跨页 / 餐厅边缘巧妙地引入光线—成为连接室内外空间的纽带

本页 / 家具布置分析 / 餐厅入口 / 充满质感的砖墙,混凝土搭配新增的钢结构 / 餐厅卡座区域

对页-上 / 包房墙体由不同材料组合而成,赋予空间极大的灵活性
对页-下 / 吧台和比萨吧上方的空心钢管结构的灵感来自旧时肉店的吊杆

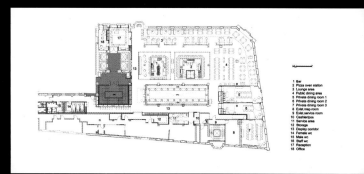

CHINA
ENVIRONMENTAL
ART DESIGN
中国环境艺术设计 05

MODERN 时下雅

中国环境艺术设计 05

项目信息

项目名称：K11
项目负责：Kokaistudios
首席建筑师：Andrea Destefanis, FilippoGabbiani
建筑设计经理：PietroPeyron
室内设计经理：李嘉雯
设计团队：王芸、李伟、余立鼎、成昆
完成：中国上海 2013年2月(试营运), 2013年6月(正式开幕)
立面面积：9100 ㎡
楼层面积：35500 ㎡
LEED 绿色建筑顾问：Arup
景观设计：Hassell
立面设计：KWP+SEELE
灯光设计：Isometrix
水幕设计：Harmonix
工程顾问：AECOM
摄影：Charlie Xia、徐迅

当艺术、人文、自然邂逅系统设计

很多建筑设计师都在思考这样一个问题：未来的建筑是什么样的？而同样的问题也在困扰着景观和室内设计师。一幢优秀的建筑本身即包含了建筑、室内、景观等多个部分。纵观古今中外优秀建筑无不例外。整体离不开部分，部分也无法脱离整体。而如今环境艺术设计也涉及各个设计学科，最终的设计也是整体性的系统设计。此外，当工业时代逐渐离我们远去，在功能性方面得到基本满足后，设计师们将目光聚焦到了人性化领域。而当艺术、人文、自然邂逅了系统设计，一个集建筑空间、美术馆、购物餐饮中心于一身的建筑由此诞生——K11。

Kokaistudios访谈

Editor: In the design of K11, how to reach the balance of Huihai Lu historical heritage and the modern elements?

Kokaistudios:The need to respect both the Huai Hai Road historical heritage and the New World Tower original design as dictated by the municipal authorities needed to balanced in concert with the commercial needs of the developer to maximize visibility for the major luxury brand anchor tenants located at the lower floors of the building, and for their own needs to display the K11 brand in a prominent way. For the external facade we've used the same material of the tower, designing a contemporary art deco style relating to the historical heritage of the city, while new aluminum framed glass showcases proved to be a flexible tool for both the brands' needs and the mall own brand statement.

Editor: Shanghai is a design capital in China, and Huihai Lu is a landmark in Shanghai. Is there any fashion element included in K11 project?

Kokaistudios:K11 Shanghai is clearly a fashion oriented mall, partly thanks to its prime location, partly that to its radical renovation. Five global fashion brands occupy now the first two floors, with four storey high shop fronts defining the entire main facade of the mall along Huai Hai Rd, while a wide selection of smaller fashion brands characterize basement 1 and 2. On the other end, K11 is also a global brand in itself, similarly aiming to achieve visibility and recognition, as a totally new concept of art mall.

The general idea of blending "Art, People and Nature" the core value of K11 brand into the commercial spaces is an advanced thinking with trendy concept. It gives the future shopping mall design and development in China a new way of approaching, from not only commercial but also social and cultural aspects.

We chose 'nature' as a recurrent element capable of representing K11 brand statement in a way that was clear and not conflictive to the anchor tenants: 'real nature', such is the case of the massive green walls, or the waterfall, or 'represented nature', as the organic patterns displayed on the glass surfaces and on the big glass screen at the south facade. As for the design of the interiors, 'art' played an analogue role.

The 280 sqm free-form skylight, acts as the entrance to the belowground floors in the central courtyard, provides iconic visual identity and the modern look to the mall while brighten the underground interior space with natural light and remains visual translucent of indoor and outdoor. Triangular glass panels give the greatest possible flexibility to form the curvature. The nine floors' height waterfall, the tallest outdoor waterfall in Asia, is an innovative and fashion solution bringing natural and life to the mall.

Editor: The inner courtyard and the free-form glass skylight present a fresh idea to the public, what is the inspiration?

Kokaistudios:It is the beginning of the journey of imagination; the courtyard is the natural oasis, where seek refuge from the bustling city and the glass skylight is the foliage of forest hidden in the basement.

The circulation inside the mall through the cleverly developed 'Journey of Imagination'; 6 floors above ground including the roof garden and three floors belowground, has been dramatically improved from the pre-existing one. More than just a neutral and functional distribution among different destinations, the circulation stands out as a feature in itself, offering the backbone to the imaginative sequence of experience within the building inter wovening with art display areas, public spaces, hi-tech features softened and juxtaposed by living elements and natural materials.

Editor: What new materials and new techniques are used in K11? How to reach to a eco-friendly design?

Kokaistudios:The unique design of free-form glass skylight required the use of special software for its engineering, geometric control and positioning, during construction, of its custom made mullions whose unique triangular shapes.

The nine floors' height waterfall, the tallest outdoor waterfall in Asia, runs in an automatic inductor system where the water consumption is optimized depending on the climactic conditions and also features an extensive area of over 2,000 sqm of living vertical gardens which collect rainwater that is then re-used in other areas of the project.

We view "green" as one part of a more complex approach; that approach is one of "sustainable architecture". "Sustainable", in comparison to "green", is not simply an environmental concept. The environment is one part of a three-sectioned relationship that also includes social and economic components. In such, sustainability as an approach is far more complex than simply offering to save energy or reduce carbon emissions and we would argue that this more nuanced approach can deliver far greater benefits than simply focusing on developing "green" buildings as it is massively scalable.

Editor: How interior art and outdoor facilities and sculpture are selected? Does it follow certain rule?

Kokaistudios:The art has been selected together with K11 Art Foundation in the early stage of the project, to best location the art pieces for best presentation. Committed to the belief that all great cities cultivate arts and culture, the purpose of K11 Art Foundation is to create strong public desire and awareness for the local and global contemporary art scene. All the art pieces have been integrated as part of the interior design.

Editor: K11 proposes an excellent combination of commercial space with Art, People and Nature. Do you think this is the trade for the future commercial space in China?

Kokaistudios: We believe that commercial spaces should become part of the cities, no more designed as enclosed mouse trap but as open public squares and streets. Future commercial space will have to engage the guests not only from a commercial point of view, but also from a social and cultural point of view. The project was awarded "Core and Shell LEED Gold Certification for Existing Buildings" and received the prestigious Asia Pacific Property Awards 2013 in Commercial Renovation/ Redevelopment Category.

Editor: From system design point of view, K11 project includes architecture, interior design, interior display and sign, etc. Is there certain core value followed?

Kokaistudios: How each of them coordinates with each other, while work together as a unity.
The core values were always K11's ones; we actually take directly care both of architecture and interior design, but we were also the responsible for the coordination for all the other consultants.

Andrea Destefanis（图左）
Filippo Gabbiani（图右）

编辑：在K11的设计中，如何在保护淮海路的历史遗产与加入现代元素之间达到平衡？

Kokaistudios：我们想要以一种引人注目的方式来展示K11。当地政府十分重视保护淮海路的历史遗产以及新世界大厦的原有设计，而K11的开发商却要求建筑物外观醒目和新颖的设计，以最大化的吸引奢侈品牌的入驻，这就要求我们在两者之间找寻一种平衡。比如我们在外立面使用与新世界大厦相同的材料，设计风格采用与城市的历史遗产相融合的当代艺术装饰风格，同时灵活地采用了新铝框玻璃的表达方式，这就实现了入驻品牌的需求以及购物中心自己品牌形象的展示。

编辑：上海是中国的时尚之都，淮海路也是上海的标识之一，而在K11中融入了哪些时尚元素？

Kokaistudios：K11能够成为一个时尚的购物中心,一部分是源于它极佳的地理位置，另一部分是源于它创造性的设计改造。全球五大时尚品牌占领K11一、二两层，四层立面沿淮海路展示这些品牌形象，而较小的时尚品牌则选择入驻地下一、二层。同时，K11本身就是具有一定可识别度的全球知名品牌，它是拥有全新概念的艺术购物中心。

把K11的核心价值理念"艺术、人文、自然"同时尚商业空间结合是一种全新的思维方式，我们相信它会给未来中国的购物中心设计和发展带来全新视野：购物中心不仅是商业化的，还可以关注其社会和文化方面的影响力。

我们选择"自然"元素作为一个重点来表达K11品牌，这同样是很明确的，而且与租户的需求并不矛盾。

我们所采用的"自然"的设计是垂直花园，是瀑布，也是代替自然的有机展示方式以及南立面的玻璃屏幕。至于室内设计方面，"艺术"则扮演了类似的角色。

而我们设计的位于中央庭院的280平方米的自由形式的天棚，刚好作为地下的入口，提供了标志性的视觉识别以及时尚的购物中心外观，而且为地下室内空间带来自然光线，并使室内外空间形成半透明的视觉效果。三角形的玻璃面板提供最大可能的灵活性使得天棚形成自由弯曲曲面。九层楼高度的瀑布是亚洲最高的户外瀑布，它通过创新和时尚的途径把自然和生活融入K11购物中心之中。

编辑：环抱的中庭和自然形态的天棚使人眼前一亮，其设计的灵感来源于何处？

Kokaistudios：它们是"想象之旅"的开始。中庭是从繁忙都市中寻求庇护的自然绿洲，天棚就是森林里的树叶，以这种方式来掩盖地下空间。

我们把"想象之旅"巧妙地贯穿于购物中心的室内空间之中。"旅程"涵盖包括屋顶花园在内的6层地上空间以及3层地下空间，它比改造前的流线有显著的改进。"想象之旅"不仅实现了在不同目的地之间平衡、高效的客流分配，而且本身也自成特色。它作为一条主线，贯穿了建筑内部充满想象力的各种体验，并在生活元素和自然素材的点缀下，将其与艺术展示区、公共空间和高科技错落交织在一起。

编辑：K11运用了哪些新材料、新技术？如何真正做到生态环保的设计？

Kokaistudios: 比如自由形态的玻璃天棚，由于它设计独特，我们必须依赖特殊软件才能对其进行工程设计、几何控制，并在施工过程中精确放置特别定制的窗棂。天棚的三角形玻璃保证了最佳的透视性，每个节点都经过特殊设计、单独铸造。

再比如位于中庭拥有9层楼高的瀑布，透过自动电感随着气候条件优化系统调节水量，是亚洲最高的户外水幕瀑布，超过2000平方米的垂直绿化墙可将收集的雨水循环用于建筑其他地方。

我们认为"绿色设计"是一种很好的设计方式，它可以通过"可持续建筑"来实现。而相比"绿色设计"，"可持续"不仅仅是一种环境理念。我们认为"环境"关系是三大循环关系中的一部分，还应该包括"社会"以及"经济"关系。因而相比仅是简单地节约能源或是减少碳排放，"可持续"是更具有综合意义的方式，比起简单地关注"绿色"建筑的发展，它可以为我们带来更多的价值。

编辑：在室内艺术品以及室内外设施、配件和雕塑等的选择上有什么独到之处？又遵循了怎样的理念？

Kokaistudios: 在项目的早期阶段就为传播"艺术"成立了K11艺术基金会，并选择最好的位置来展示艺术品。我们相信所有伟大的城市都承载着艺术和文化，通过K11艺术基金会旨在激发本地以及全球当代艺术领域强有力的公共意识。而且，我们将所有的艺术作品融入室内设计之中。

编辑：艺术鉴赏、人文体验、自然环保与购物消费完美结合是k11的主要特色。请问这是否将成为未来中国商业空间的设计趋势？

Kokaistudios: 我们认为商业空间应该成为城市设计的一部分，商业空间不应仅仅是封闭的建筑或是内部设计，还可以与开放的公共广场和街道联系起来。未来的商业空间应该不仅是从商业角度吸引顾客，更应该关注社会的以及文化的力量。

在这些方面，K11的设计荣获绿建筑权威"LEED金级认证"以及"2013年亚太区国际地产大奖"商业修缮及重建类别奖项的肯定。

编辑：从系统设计的角度出发，k11整个项目包括建筑设计、室内设计、室内陈设、标示等，请问它们都遵循了怎样的理念？各部分之间又是如何做到相互协调、相互统一的？

Kokaistudios: 我们直接着手设计的部分包括建筑设计和室内空间设计，在整个过程中我们一直都坚持着K11品牌核心价值理念——"艺术、人文、自然"，同时我们也参与协调其他领域的设计工作。

对页-上／《上海惊奇》艺术展

本页-上／《真实、美、自由和金钱——社群媒体兴起后的艺术》展

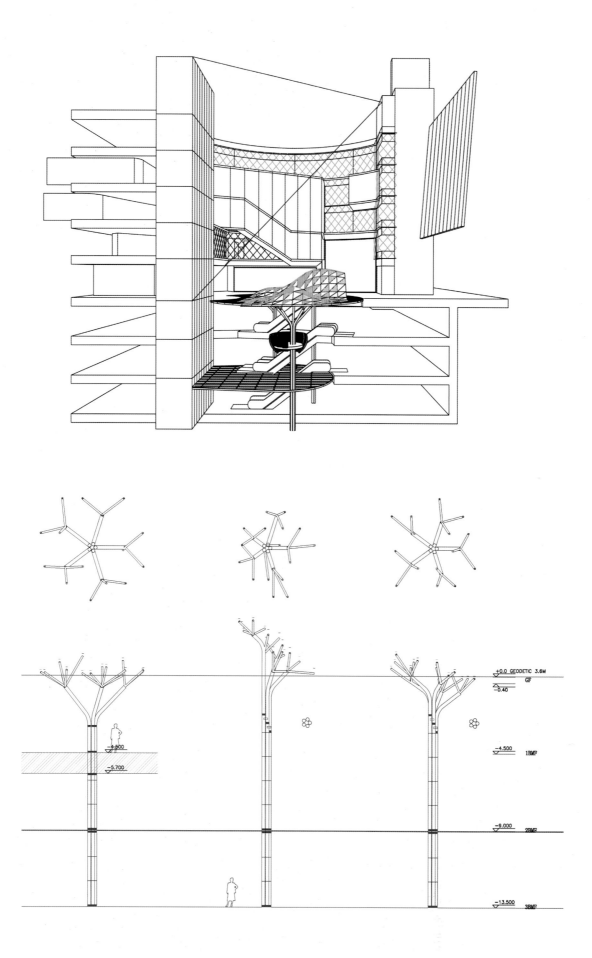

环保之上的功能系统设计

K11作为一个绿色建筑，它几乎达到了绿色建筑所应该具备的一切要求——从保护自然环境、鼓励可持续发展、雨水收集到材料循环利用等等，都已经做得很完善。而从系统设计中的建筑层面上来说，K11的建筑设计也完全胜任其在系统中所扮演的角色。在基本保留淮海路原有建筑特色的基础上增加立体绿化、屋顶绿化甚至是人造瀑布和蝴蝶雕塑等等，无不体现了生态、人文、艺术的设计理念。玻璃幕墙的使用不仅增加了现代感，同时也增强了建筑的通透性，使人们在室内也能感受到建筑和景观所带来的人文气息。在功能性达到要求的基础上，最大限度地实现环保和营造艺术气息。

在材料和色彩的选择上，建筑、室内、陈设、标识以及铺装，统一使用的是金色和黄色等暖色系列，搭配木质材料。考虑到地下一层和入口处树枝分叉结构的运用，以及随处可见的自然纹理，我们可以看出设计师们想要通过大量使用黄褐色（也就是树干的颜色）来营造出一种接近自然的全新购物体验。

大量的蜂窝形状和随机的树枝交叉形的铺装被大量运用，有很强的装饰性，同时也在暗示着人们艺术、人文、自然的设计理念已经完全地融入了整个环境的每个角落、每个细节之中。在标识系统的设计中，圆点的设计同样无处不在。从入口K11的品牌标识到每层楼的楼层标注、指向性标识甚至是垃圾箱上的标识，设计师都巧妙地结合了圆点元素，实心和空心圆点的组合也不会显得乏味。

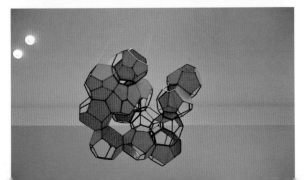

对页-上 / 庭院部分分析
对页-下 / 树结构

本页-上 / 夜景庭院
本页-左 / 系统设计元素：树结构
本页-右中 /本页-右下 / 系统设计
元素：圆点

与生态艺术结合的环境系统设计

k11 在景观设计上也紧扣人文、自然、艺术的设计理念。在室内外贯穿很多相同的设计元素，通过大面积的玻璃幕墙遥相呼应，相互映衬。入口的景观庭院设计使 k11 脱离了繁忙的城市街道，给游客带来了强烈的视觉、听觉刺激。如同一个艺术世外桃源。强烈的视觉是通过开放整合六层楼的商场和庭院中心的一个地下双层通高的中庭实现的。中庭的瀑布更是点睛之笔——是亚洲乃至世界最高的人造瀑布，还为室外庭院营造声音和视觉背景。巨大的蝴蝶雕塑、屋顶绿化、随处可见的立体绿化，都让人们完美融入自然生态中，同时也缓解了城市热岛效应。室内更是有"都市农场"，作为市中心的农家乐也为 k11 增添了亮点。

本页-上 / 内庭鸟瞰
本页-中 / 六层空中花园
本页-下 / 都市农庄

对页 / 庭院瀑布

本页-左上 / 公共艺术空间1
本页-左下 / 达明安·赫斯特(Damien Hirst)《Wretched War》

跨页-上 /《真实、美、自由和金钱——社群媒体兴起后的艺术》展
跨页-下 / 公共艺术空间2

人文设计——全新的购物体验

　　虽然 K11 作为一个购物中心而存在着，但其本身不仅仅是一个购物中心，我们更愿意把它当作为一个展厅——一个传达人文、艺术、自然的巨大的展示空间。建筑、室内、景观、陈设、标识每个系统都经过精心设计，优化互补，相互协调。整合之后便给人们带来一种全新的购物体验。当第一次走进 k11 后你就会发现它的与众不同。环绕的中庭、巨大的瀑布使人们抛开了都市的喧嚣，营造了桃源式的人文气氛；地下的艺术展厅、随处可见的陈设品和雕塑烘托了艺术氛围；全新的生态设计和都市农场体现了完全不同于过去的环保理念。任何设计都是为人服务的，脱离人文的设计是一个没有灵魂的设计。相反，一个更关注人文、环保的设计理念将会是未来设计的潮流和方向。

项目信息

项目名称：武汉万达广场

项目业主（委托方）：武汉万达东湖置业有限公司

项目地址：中国湖北省武汉市武昌区沙湖大道

建筑立面：30500 ㎡

室内：22630 ㎡

项目定位：豪华购物中心

设计内容：立面与室内设计

设计公司：UNStudio

摄影师：EDMON LEONG

Project name：Hanjie Wanda Square, Wuhan

Client：Wuhan Wanda East Lake Real State Co, Ltd

Location：ShaHu Ave, Wu Chang Qu, Wuhan, China

Building surface：30.500 sqm

Interior：22.630 sqm

Programme：Luxury shopping mall

Contribution：Facade and interior design

Credits：UNStudio

Cameraman：EDMON LEONG

A 一场豪华的视觉盛宴
Grand Visual Feast

武汉万达广场对灯光与材料的运用非常的考究，顾客不像是在购物，而更像是来观看一场精彩的演出。

Hanjie Wanda Square is a new luxury shopping plaza located in the Wuhan Central Culture Centre, one of the most important areas of Wuhan City in China.

Following a competition in 2011, with design entries from national and international architects, UNStudio's overall design was selected by Wanda as the winning entry for the facade and interior of the Hanjie Wanda Square. The shopping plaza houses international brand stores, world-class boutiques, catering outlets and cinemas.

In UNStudio's design the concept of luxury is incorporated by means of focussing on the craftsmanship of noble, yet simple materials and combines both contemporary and traditional design elements in one concept.

Ben van Berkel: "Reflection, light and pattern are used throughout the Hanjie Wanda Square to create an almost fantastical world. New microcosms and experiences are created for the shopper, similar perhaps to the world of theatre, whereby the retail complex becomes almost a stage or a place of performance and offers a variety of different impressions and experiences to the visitor."

Synergy of flows

For the design of the Hanjie Wanda Square attention and visitor flows are guided from the main routes towards the facades and entrances of the building. From the three main entrances visitor flows are thereafter guided to two interior atria.

The concept of "synergy of flows" is key to all of the design components; the fluid articulation of the building envelope, the programming of the dynamic facade lighting and its content and the interior pattern language which guides customers from the central atria to the upper levels and throughout the building via linking corridors.

Facade design

The facade design reflects the handcrafted combination of two materials: polished stainless steel and patterned glass. These two materials are crafted into nine differently trimmed, but standardised spheres. Their specific positions in relation to each other recreate the effect of movement and reflection in water, or the sensuous folds of silk fabric.

The geometry ranges from full stainless steel spheres to a sequence of gradually trimmed spheres down to a hemisphere, with an inlay of laminated glass with printed foil. The spheres have a diameter of 600mm and are mounted at various distances on the 900x900mm brushed aluminium panels, which were preassembled and mounted on site.

The architectural lighting is integrated into the building envelope's 42.333spheres. Within each sphere LED-fixtures emit light onto the laminated glass to generate glowing circular spots. Simultaneously a second set of LED's at the rear side of the spheres create a diffuse illumination on the back panels.

A total of 3100000 LED lights where used to cover the 17894 sq.m. media facade. Various possibilities to combine and control these lights allows diverse media lighting effects and programming of lighting sequences related to the use and activation of the Hanjie Wanda Square.

Interior concept

The interior concept is developed around the North and South atria, creating two different, yet integrated atmospheres. The atria become the centre of the dynamic duality of the two Hanjie Wanda Square identities: Contemporary and Traditional. Variations in geometry, materials and details define these differing characters.

Ben van Berkel: "In Hanjie Wanda Square a circular motif is repeated in many different ways, both in the facade and throughout the interior. The patterns used were influenced by numerous cultural references, both traditional and contemporary and are connected to fashion, products and everyday consumer items, but also to the use of pattern in art and in our cultural history. Patterns drive our aesthetic choices, whether they be personal or shared and in Hanjie Wanda Square act as a background to the world of desire encapsulated in the contemporary shopping plaza."

前页-跨页 / 建筑夜景

本页-右 / 总平面

对页 / 建筑内部环境

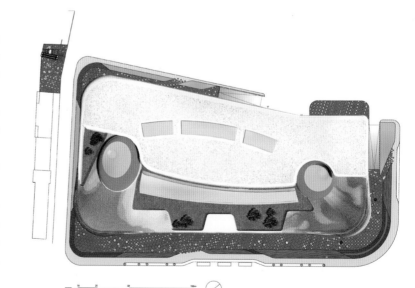

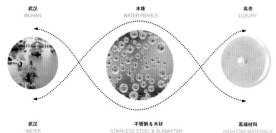

武汉　水珠　高贵
WUHAN　WATER PEARLS　LUXURY

武汉　不锈钢 & 木材　高端材料
WATER　STAINLESS STEEL & ALABASTAR　HIGH END MATERIALS

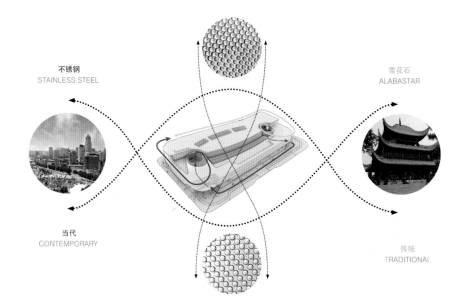

不锈钢
STAINLESS STEEL

雪花石
ALABASTAR

当代
CONTEMPORARY

传统
TRADITIONAL

武汉万达广场是一个崭新的豪华购物中心，它坐落于武汉中心城区，这一地区是武汉最重要的地区之一。2011年，在经过与来自国内与国际的设计师激烈的竞争之后，UNStudio成功中标，它被选作万达广场室外与室内的设计方。这个购物广场将囊括国际性品牌的专卖店、世界级的专卖店、餐饮店和电影院。

UNStudio关于豪华的设计理念整合了多个方面的因素，包括它关注于使用高超的工艺加工简单的材料，将当代与传统的设计元素融入概念中去。

Ben van Berkel：影像、光照和图案都被运用到了万达广场项目中，以创造一个近乎魔幻的世界。我们将为顾客提供一个全新的视觉体验，顾客会产生一种身处剧院的感觉。而所有的商店则充当了舞台上的角色，他们共同为参观者提供一场印象深刻的视觉盛宴。

人流协同

　　人流的导向一开始就是万达广场设计的重点，主要的人流都会被引导至建筑的入口处。客流将从三个入口进入内部的两个核心区域。人流协同的理念是所有设计环节中的关键点。建筑的流线型维护结构、动态的立面照明规划和内部的指示语言，这些都引导着顾客从中心区域进入到更高的楼层，并且将整个建筑联系成一个整体。

外观设计

　　外观设计是抛光不锈钢和压花玻璃两种手工材料的结合。由两种材料制作成九种不同形式但又是标准化的球体。这些不同的装饰形式被安放在各自相互联系的特定位置，它们相互影响产生了某种韵律并反射到水中，还可以产生类似丝织品上才有的那种具有美感的褶皱。

　　建筑几何体从全不锈钢球面，逐渐有序而成系列地缩减为一个半球，而他们的玻璃都镶嵌有金属的薄片。每个球体的直径大约为 600mm，它们依据不同的距离需求被安装在了 900 mmx 900mm 的铝面板上，而装配与安装的过程必须在现场才能完成。

　　建筑的灯光与其球面很好地融为一体。每个球面

的 LED 灯具发出的光都会打到夹层玻璃上，以保证光源呈现为一个圆斑。同时，安装在球面边缘的 LED 灯将创造一种后面板的漫射照明。外部 17894 平方米的多媒体上共安装了 3100000 个 LED 灯。灯具之间可以随意搭配与控制，这些各异的媒体照明和序列规划都将对万达广场的使用与活力产生影响。

内部设计

　　内部的设计概念力求在整体的气氛下创造有所差异的南北两个前厅。前厅的现代与传统的充满活性的碰撞设计成为武汉广场的一大亮点。形体、材料、细节上的变化都凸显出它们的与众不同。

　　Ben van Berkel：在万达广场项目中无论是室内还是室外都围绕着一个主题——设计元素的运用受多种文化因素的影响，不管是传统的还是当代的都与时尚、产品和日常生活息息相关，而艺术与历史文化元素的运用也都是没有传统与当代之分的。

对页-上 / 魔幻般的穹顶

对页-中 / 对页-下 / 设计理念与材料的选择

本页-下 / 层次丰富的内部空间

不锈钢结合木材球体 * STAINLES STEEL WITH WOOD SPHERE

制作过程 * PRODUCTION PROCESS

应用汽车和产品设计的工业技术提高批量模块生产的效率
模块生产过程允许单独的灯光设计
最终产品抵抗不同气候
工厂预制能为每个预制件安装保护材料
减少工地安装时间

- USING SIMILAR PROCCESSES AS THE CAR AND/OR INDUSTRIAL DESIGN MANUFACTURES ALLOWS EFFICIENT MASS PRODUCTION OF ELEMENTS
- MOLDING ALLLOWS INDIVIDUAL DESIGN PROCESS FOR LIGHT FIXTURES ETC
- FINISHES ARE RESISTANT TO CLIMATE
- PRE ASSEMBLING IN FACTORY ALLOWS CLIMATE PROTECTED INSTALLATION OF ALL COMPONENTS
- CONSTRUCTION TIME ON SITE ARE MINIMIZED

本页-上 / 建筑入口夜景
本页-下 / 建筑材料的制作过程

对页-上 / 入口的设置与人流协同
对页-中 / 立面表皮的处理
对页-下 / 立面材料的制作详图

| 模具成形不锈钢构件 | 打磨&制作过程 | 工厂模块预制安装 | 工地现场安装 |

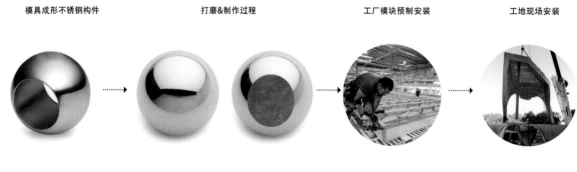

| PRESS-MOLD FORMING OF STAINLESS STEEL | POLISHING & FINISHING PROCESS | PRE-ASSEMBLING IN FACTORY OF PANELS | MOUNTING PANELS ON SITE |

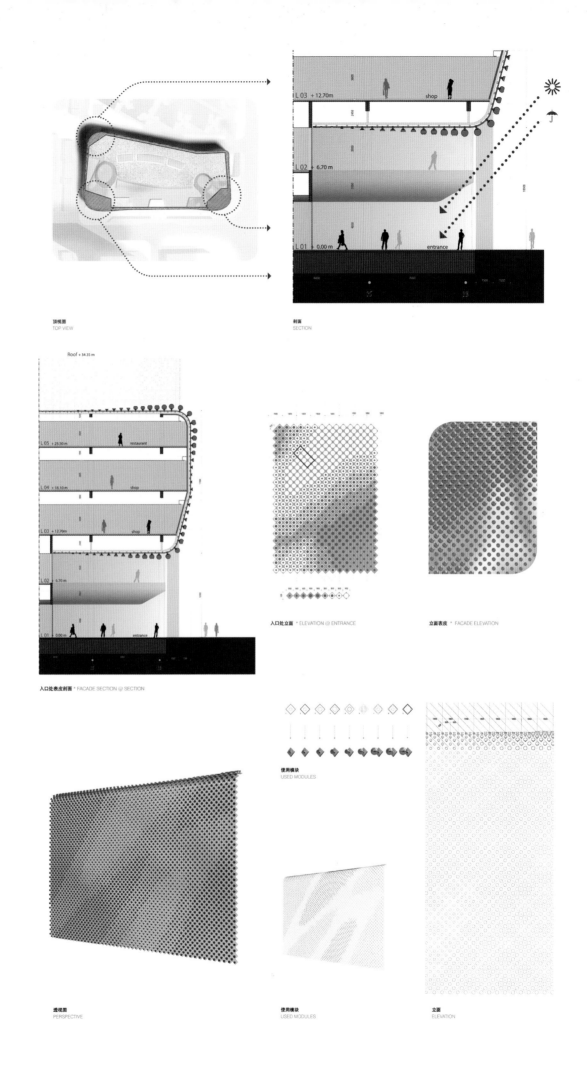

顶视图
TOP VIEW

剖面
SECTION

入口处表皮剖面 * FACADE SECTION @ SECTION

入口处立面 * ELEVATION @ ENTRANCE

立面表皮 * FACADE ELEVATION

透视图
PERSPECTIVE

使用模块
USED MODULES

立面
ELEVATION

使用模块
USED MODULES

项目信息

项目名称：	乌镇剧院
项目地址：	中国，浙江省，乌镇
项目业主（委托方）：	乌镇旅游开发有限公司
设计师：	姚仁喜
设计单位：	大元建筑及设计事务所
合作单位：	上海建筑设计研究院有限公司
施工单位：	巨匠建设集团有限公司
建筑面积：	6920 ㎡
设计时间：	2010年5月～2010年12月
建成时间：	2013年5月8日

梦回古镇
Dreaming Back to Town

它坐落于梦境似的古镇，就像一朵盛开的莲花，漂浮在水面上……

跨页 / 全景

本页-右下 / 建筑既满足现代剧场机能，又很好地融入古典精巧的水乡之中

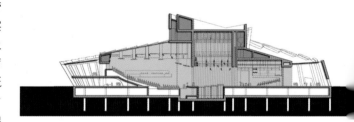

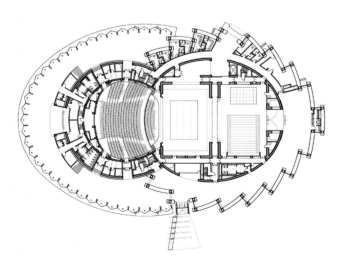

本案位于江南水乡梦境似的古镇——乌镇。乌镇管理者将乌镇设定为国际重要戏剧节的活动据点。为了实现这个愿景，乌镇大剧院的设计委托了姚仁喜建筑师及其团队。设计的最大挑战在于剧院的两个剧场：1200席的主剧院及600座的多功能剧场。两个剧场背对背，既满足现代剧场机能，又不显突兀，能精巧地融入于这片古典水乡之中。设计应用的代表吉兆的"亚蒂莲"的隐喻，将这个寓意祥瑞蓬勃的形象，转化为一实一虚的两个椭圆量体，分别配置以两座剧场，重叠的部分则为舞台区，舞台可依需求合并或单独利用，以创造多样的表演形式。

而由于兼具戏剧节表演与观光的双重机能，剧院将满足不同形式的使用需求，提供包括传统戏曲、前卫表演艺术、时尚舞台秀、婚宴喜庆等活动的空间。

访客搭乘乌篷船或经由栈桥步行到达剧院。多功能剧场位于建筑右侧，一片砌上京剧的斜墙，宛如花瓣层叠，包围出剧场的前厅空间；西侧的大剧院则以清透光亮的量体展现对比，折屏式的玻璃帷幕，外侧披覆一圈传统样式的窗花，在夜晚泛出幽幽的光影反射在水面上，为如梦似幻的水乡增添另一番风情。

对页-上 / 剧场内景
对页-左下 / 立面装饰
对页-右中 / 剧场立面
对页-右下 / 剧场平面

本页-上 / 剧场大舞台
本页-下 / 建筑位于江南水乡梦境似的
古镇——乌镇

项目信息

项目名称:	天台赤城二小学建筑设计
建筑设计:	零壹城市建筑事务所
项目地点:	中国浙江天台
设计团队:	阮昊、Gary He、詹远、金善亮、陈利娜
项目时间:	2012年(设计) 2013年(施工)
项目面积:	10190.36 m²
图片版权:	零壹城市建筑事务所
合作单位:	浙江大学城乡规划设计研究院

Project name: TianTai County ChiCheng No.2 Primary School
Architecture design: LYCS Architecture
Location: Tiantai, Zhejiang, China
Project Team: RuanHao, Gary He, Zhan yuan, Jin Shanliang, Chen Lina
Project Period: Design 2012, Construction 2013
Size: 10190.36 sqm
Images: Courtesy of LYCS Architecture
Architect of Record: Zhejiang University Urban Research & Design Institute

P 屋顶上的操场
Playground on the Roof

近年来，屋顶空间的利用已经越来越得到广大设计师们的重视，如何能够利用好屋顶空间？尤其是房价飞涨、土地资源稀缺的今日，类似屋顶绿化的设计逐渐进入了我们的视野。但是你是否想过将小学的操场建在教学楼的屋顶之上？

Tian Tai County ChiCheng No.2 Primary School
The project for the TianTai County ChiCheng Second Primary School strives for a unique design that will serve as a model school which provides a beautiful environment for the cultivation of knowledge, culture, physical fitness, art and ethics for elementary school children. The design focuses on the relationship between architecture and site, site and city, form and function. Because of the very small area given, the 200m running track was projected onto the roof level, giving an additional 3000sqm of usable area on the ground as well as the oval shape of the school building, creating a sense of inward-ness and security for the students. Lifting the running track also allows for a total project height of 4 floors instead of 5 as originally required, creating a more harmonious relationship between the new school and the surrounding urban context. Lastly, the building was twisted about 15 degrees, creating smaller pockets of space between the site wall and the exterior envelope. The project's ambition lies in creating a school that raises the level of educational facilities in the area, and a place that the residents of TianTai will be proud of.

前页-跨页 / 本页-上 / 建筑鸟瞰

本页-左下 / 正入口效果 / 入口效果 / 庭院效果

对页-左上 / 平面图
对页-右上 / 建筑模型
对页-左下 / 设计过程分析
对页-右下 / 灯光模拟效果

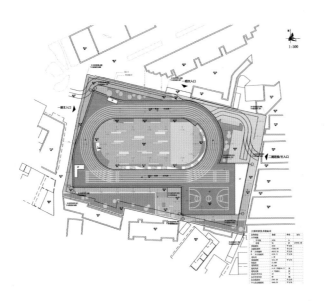

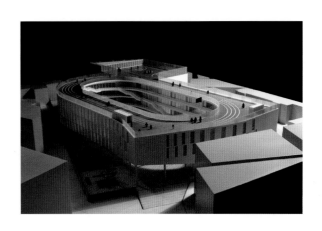

DESIGN PROCESS

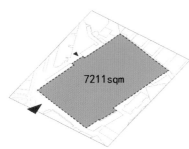

01 SITE AREA AND BOUNDARY

The site footprint is a total of 7,211 square meters, with a main entry from the northwest corner and a possible side entry from the north.

02 AREAS OF SPORTS FACILITIES

Placing a required 200 square meter running track onto the site takes up 41% of the total site footpring, leaving little space left for any school building.

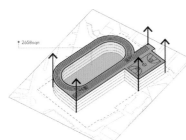

03 EXTRUSION OF MASSING

By lofting the 200m running track, 100m sprinting track and basketball court 4 stories up, a 2,658 square meter courtyard is created by the resulting building volume.

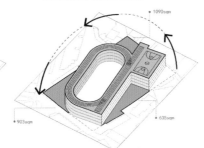

04 ROTATION OF MASSING

By rotating the massing, a series of courtyard spaces are shaped between the site boundary and the building in all directions of the volume.

05 GROUND SPACE CONTINUITY

3 parts of the ground floor are removed to allow for continuity of pedestrian circulation on the ground, connecting to the main entry, side entry, and south-facing garden.

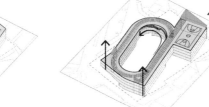

6 VERTICAL CIRCULATIONS

4 stairwells, 1 elevator, and 1 open-air stair connects all levels of the building vertically.

天台赤城二小学是省内乃至国内第一所将200米环形跑道置于多层建筑屋顶的小学教育建筑。这一充满智慧的概念源于极为有限的用地面积，将200米的标准跑道放置在屋顶上，从而为学校在地面上赢得了额外的3000平方米的公共空间。同时，椭圆形的教学楼给学生们带来了一种内向性的安全感。对跑道放置在屋顶的处理令建筑层数能按照要求控制在四层，跟周边建筑关系更为和谐。为了提供更多可用的绿色庭院空间，建筑体块旋转至跟场地边界线产生十五度角，从而在建筑外部与场地边界之间创造数个小广场空间。该项目将于2013年9月建成使用，届时它不仅将成为天台人民引以为豪的标志性建筑，也将开启如何通过建筑因地制宜、利用屋顶空间、打造节约型社会下的教育建筑的新篇章。

项目信息

项目名称：上海衡山路十二号豪华精选酒店	
设计时间：2006年	
建成时间：2012年	
项目地址：上海市衡山路12号	
项目业主（委托方）：喜达屋酒店管理集团	
设计师：Mario Botta	
摄影师：傅兴、Benoit Florencon	

Project: Hotel Twelve at Hengshan, Shanghai, PRC

Design:

Construction: 2012

Place: Hengshan Road, Shanghai

Client: Shanghai Land Group

Designer: Mario Botta

Photographer: Fu Xing、Benoit Florencon

城市桃源
Peach Blossom of City

连接着徐家汇和淮海路的衡山路在许多上海人心目中以法国梧桐而著名，异国文化、安静惬意是这条路的主要特色，看似与上海上下班拥挤的人流格格不入，却颇有一番世外桃源的感觉。街旁的建筑都十分有特色，而衡山路十二号豪华精选酒店的建成更是给这条街增添了城市桃源的优雅和安逸。

Hotel Twelve lies in the core of Hengshan Road – Fuxing Road area, in the middle of the well- known web of French plane trees that have been adorning the place since 1920. This area is also characterized by a low building density and by the presence of several detached houses with garden. These urban remarks and the search for exclusiveness and high standards, led to the design of a hotel with two development outlines:the entrance at road level is interpreted like an external stage. It represents a sheltered space where the guests are received. The entrance portico along Hengshan Road houses the restaurant and the banquet hall on the upper levels; - the inner garden in the elliptical courtyard with a large distribution hall at ground floor. It develops around the central courtyard and links the garden with the lobby by means of big windows. The garden is slightly raised with respect to the lobby to reveal the wellness centre on the underground levels.

上海衡山路十二号酒店位于衡山路的核心地带——复兴路一带，两侧法国梧桐成荫。这片区域的特点是建筑密度较低，并且有几栋独立带花园的洋房。这些城市的文化特点和低密度性，直接决定了这间酒店设计的高定位。酒店堪称住宅式都市绿洲，其瞩目的当代建筑设计风格，与四周的传统古典韵味形成巧妙对应，逐渐成为城市中的地标建筑。

路边的主入口类似于外部舞台。它为客人营造了一种天然的庇护空间。特色还包括椭圆形庭院内的花园，地下的大型配送大厅——环绕的中心庭院和大窗户来连接花园大厅。

酒店设有两间星级食府和大堂吧，提供正宗地道的用餐体验和无与伦比的服务。衡山十二号中餐厅典雅大方，供应精美粤菜和地道的本帮佳肴，可欣赏苏州式园林景致，

并设有8间私密包房。宛如法式面包店的云尚餐厅则呈献不同凡响的国际美馔，内设开放式厨房以及藏酒丰富的酒窖。

对页-上 / 本页-上 / 住宅式都市绿洲庭院

对页-中 / 接待处

对页-下 / 走廊

Mario Botta访谈

Mario Botta：瑞士知名建筑大师

Editor：*As we all know, an elliptical building is attractive, but it can also increase the difficulty of the design and the construction. Why did you decide to use this shape? Did you have any particular aims?*

Mario Botta：*I chose to give the courtyard an elliptical shape with the aim of making the most of the inner space, transformed into a big garden. In this way the rooms overlooking the courtyard enjoy a "green oasis of peace", without the hindrance of corners.*

Editor：*The use of bricks as facade decoration material requires a higher level of technology and therefore is rarely used in the design of a hotel. Did you decide to use this material since the beginning? Why?*

Mario Botta：*To begin with, they are not terracotta bricks but terracotta hollow flat tiles. The choice depends on the laying system that envisages the alternation of tiles set parallel to the facade and at 45-degree angles so to provide a continuous modulation of the light on the inner facade. Since the beginning I wanted that the elliptical space of the courtyard should follow the changes of the light so to be enriched by it.*

Editor：*As a Swiss designer, what do you think of this hotel project which is located in Shanghai, China, the fashion capital? Did you use any fashionable elements in this project?*

Mario Botta：*It was not conceived as a fashionable building. On the contrary, both in height and in the use of materials, it reinterprets the fabric of the villas and the buildings characterizing this "French quarter" before the building boom. In the vicinity there is still a school with the same characteristics, i.e. the small dimensions and the use of the terracotta.*

Editor：*What was the core idea you wanted to express in this project.*

Mario Botta：*The aforesaid considerations (answer 3) are valid. Besides, the core idea was the separation between the volume with the rooms at the back and the volume overlooking Hengshan Road, with the entrance that becomes a kind of stage and with the public services (restaurants and meeting rooms) on the upper floors.*

Editor：*What were the difficulties you encountered in the design process? How did you solve them? What's the value for your future design?*

Mario Botta：*It was a very difficult work. It required much attention and, in particular, a constant control of the details along with the overall image. ECADI (East China Architectural Design & Research Institute), our consultants in Shanghai, took care of the building site and thanks to a perfect cooperation we could solve all the problems.*

编辑：弧形建筑很有冲击力，但也会提升设计以及施工的难度，请问您是如何决定采用这样的造型的？这种设计有何特殊的含义吗？

Mario Botta：我选择椭圆形状的庭院是打算最大限度利用内在空间，把它变换成一个大庭院。这样从房间中俯视庭院，可以尽情享受"绿色和平的绿洲"，不会错失任何风景。

编辑：您使用砖片作为建筑立面装饰材料，这需要较高的工艺水平，而这种方式很少用于酒店的设计之上，您是从设计之初就决定采用这种材料的吗？为什么？

Mario Botta：首先，它们并不是赤土陶器砖，而是赤土陶器空心平面的瓦片。选择这种材料取决于铺设系统。设想瓦片设置的平行角度为45度角，以便提供内外墙的采光。从一开始我想到四合院的椭圆形空间应遵循光的变化，使其变得丰富。

编辑：作为瑞士设计师，您如何看待这个位于中国时尚之都上海的酒店项目？您在设计过程中有考虑融入哪些时尚元素吗？

Mario Botta：它不是设想为一种时尚的建筑。相反，无论是在高度和材料的使用上，它重新诠释了在此之前"法国热潮"特征的别墅和建筑物的建设。附近还有一所学校具有相同的特征。

编辑：请您谈谈关于这个项目，您想要表达的核心思想是什么？

Mario Botta：在之前问题三回答的基础上，设计的核心思想是希望在隔绝房间外部音量的同时，可以俯瞰衡山路的景色。并且使楼上成为具有公共服务功能（餐厅和会议室）的友好的平台。

编辑：您在设计过程中有遇到哪些困难吗？是如何解决的？对今后设计有何价值？

Mario Botta：这是一个非常困难的工作。它需要大量的关注，特别是细节的恒定控制以及整体形象把握。非常感谢我们在上海的顾问华东建筑设计研究院对于网站建设的关注，使我们可以解决所有的问题。

Mario Botta（Beat Pfändler摄）

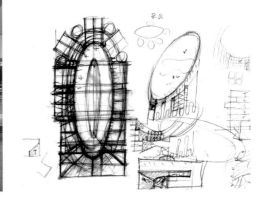

本页-左上 / 大厅
本页-中上 / 室内泳池
本页-右上 / 方案草图
本页-下 / 健身房

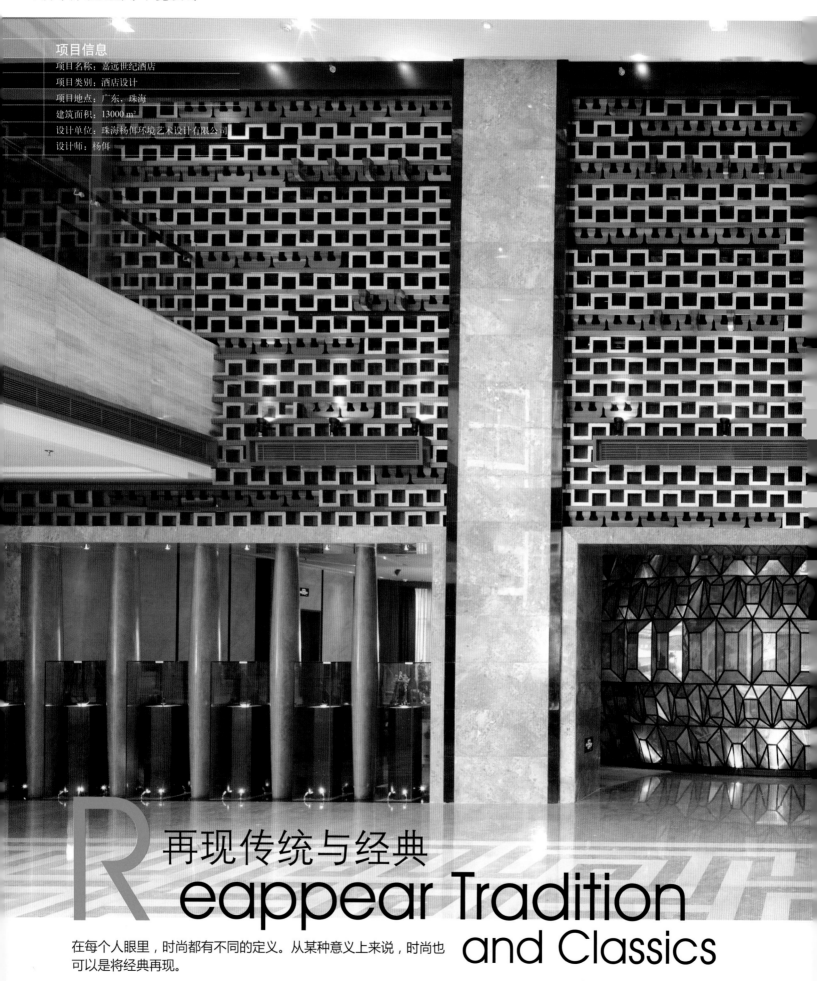

项目信息

项目名称：嘉远世纪酒店
项目类别：酒店设计
项目地点：广东，珠海
建筑面积：13000 m²
设计单位：珠海杨俚环境艺术设计有限公司
设计师：杨俚

再现传统与经典
Reappear Tradition and Classics

在每个人眼里，时尚都有不同的定义。从某种意义上来说，时尚也可以是将经典再现。

　　嘉远世纪酒店，坐落于美丽的海滨城市——珠海，作为艺术性主题酒店，在设计上当然有其突出的个性及艺术夸张性。设计师秉承 "艺术走进生活" 的设计理念，依据 "以艺术融入酒店，用酒店感触艺术" 的设计原则，将古典与现代完美融会，运用现代简约的构成形式，与中式传统文化元素结合碰撞，孕育出具有包容性的多元化现代风格。既表达出当下的简约之风，又在简约中体现了厚重的中国传统元素，对于时间内涵的思考，所求乃永恒之美。

　　酒店大堂为两层架空的长方形空间，进门正对的是形象主题的立面，上部为中式木结构造型屏风墙，下部则是艺术柱廊及鼓状玻璃造型，艺术柱廊分布在鼓状玻璃造型的两侧，陈列着中国观赏瓷器。

　　酒店大堂在空间的构成上，打破了约定俗成的大堂天花设计，传统的大堂天花惯例围绕着吊灯来表现。而嘉远世纪酒店大堂采用具有张力的鼓形玻璃体作为主题。鼓状玻璃造型的构思来源于中国传统的乐器——鼓，但这面鼓表现的不是远古的乐音，而是江南园林的纤巧窗棂、钻石切割面的华丽转身，玻璃中间还夹着水墨国画的丝纱，它与鼓结合表达出的寓意与深远，足以超越吊灯的表现力，在表达形式和处理手法上，更是智慧和艺术的体现。

　　大堂的上空位置——主题形象立面的上部，木结构造型屏风墙成为文化风格主题，背后的中式包房，也能借此景观屏风。在用材及构造上，用实木以斗栱和几字形交错搭接，部分实木贴金箔，具有现代结构感的槽钢穿插其中，有着矛盾的对比与逻辑构造之美。虽然是现代构成的形象主题，但其结构中也蕴涵中式情节。连续几字形（亦可称万字形）加上斗栱的装饰，你可以去想象，当然你可以想象成你能想象的任何东西、符号。

　　西餐厅是西式用餐环境，它的设计具有现代时尚感，借助玻璃鼓形的共生资源，在现代时尚中和谐地融入了传统文化元素。餐厅为规整的长方形空间，以接近入口处为中心点，放置占此空间三分之一的鼓形体，与大堂共享，亦使整个西餐区成为巨大的弧形空间，令空间跳跃着动感的韵律，丰富人们的视觉。在鼓体的中心位置，形成独立的酒吧区。餐厅的总体空间以灰色调为主，安静、舒适，鼓体采用汉代的深色漆器工艺做饰面，沉稳、暗黑的色彩结合弧面的光滑，加上期间透出的些许红褐色肌理，斑驳迷离，折射出对汉文化的追思与遐想。

　　中餐厅及包房的设计，为现代的中式主题风格。在结合实际功能需求之上，多倾向于汉、唐、宋、清的皇

室元素，在明确与丰富各个独立空间主题的同时，也意在表现酒店的品位。

　　酒店的五楼为艺术会所，其中有画廊、酒吧与多功能花园天台等，在画廊赏画的同时，感受酒吧服务，体验文化休闲的时光。

前页-跨页 / 大堂采用鼓形玻璃体作为主题

本页-上 / 西餐厅的设计具有现代时尚感的同时融入了传统文化元素
本页-中 / 酒吧位于鼓形体的中心位置
本页-下 / 几字形斗栱细节

对页 / 中餐厅为现代中式风格

项目信息

项目名称：唐会

设计公司名称：上海唐墨国际空间设计有限公司

项目名称：唐会

设计策划：施烟东

设计师：洪斌、陈丽晨、林明、胡建国、王家飞

项目设计时间：2013年1月

项目完工时间：2013年4月

项目地点：福建福州

项目面积：300 m²

主要材料：原木仿旧、艺术漆定制、腐蚀耐候钢、亚
麻、丝网绢网

主要品牌：S金蜂磁砖石材、雅克维特、方大达定制灯饰

Drunk Oriental 醉东方

"唐会"就像一件艺术作品，设计师用淡定从容的细节主张，绘制成传统生活的一个缩影，看似从感官上的喧嚣中回到朴实无华，实则拉开一幕精彩的篇章。当人迈入这件作品时，它于有形无形之间开启了人对于中国传统文化的心灵感悟，其独特的表现形式营造了一种洋溢着浓郁人文气息的精神氛围，让人们找到一种精神的皈依。

在唐会的入口区域，略显窄小的门框似乎隐匿在周边的竹林之中，灯光不经意间带上竹林轻摆的声响，搭配上拴马石以及传统的人物雕塑，建筑的诗意便悄然而生。门框上方用做旧的钢板铺陈，并延续到顶部。"唐"字的传统化设计在灯光的映衬下形成某种视觉的焦点，一旁墙面的窗户则以鲜明的色彩形成瞬间的吸引，这种感知都被记忆在人们的视觉影集里。

在唐会中，走道区域的设计遵循着传统文化的精神。叠石搭成的水幕墙，传递着潺潺的水声。白色的洗手台上方悬置着一根管道，当人走近时，水便能感应而下。这种人与水的交流互动，洗礼着空间的人文关怀。白色的地面则与周遭的古朴斑驳形成视觉的反差，诠释着阴阳协调的理念，并赋予了生活积极的意义和动力。

走进会所内部，在一楼的会客交流空间中，设计师通过对传统文化的思考、延伸、致敬、改造、重生，使得空间仿佛是一场时空交错的舞台剧，演绎着过去与当下的精彩。灰砖铺设的地面带着沉稳的力量，粗犷的质感与其周围的环境产生了对话，让内心在不绚丽、不耀眼、不强烈的环境中，产生"归去来兮"的淡然。一侧的墙面用木质装饰，仿若江南水乡的建筑意境，让人不禁与之亲近。空间的吊顶以及部分墙面用不同雕刻纹理的中式构件铺设，每一个部分都是一种格调、一种意境，流动中展现一种秩序的大气之美，这些物件都是设计师亲力亲为的产物。黑色在传统文化中代表着"水"，而这种围合式的布局也潜移默化地诠释着四合院的建筑实践。摆设其间的家具以改良的中式设计为基调，用当下的使用习惯与审美需求来映照着人们对传统文化的敬意。展示柜中的藏品让空间的内容更为丰富，不着痕迹而又颇具用心地将传统气息沁入其间，即使是浮躁的心绪也在不知不觉中静了下来。

通往二楼的楼梯区域，设计师用现代的几何解构思想来表达一种文化的碰撞与融合。钢制的楼梯与一旁的毛石地面均带着硬朗的特质，而红色的木质扶手则以清茶般的甘甜来表达着自身的韵味，并让空间在轻与重之间沟通共融。楼梯背后的墙面延续着做旧的钢板材质，上面是设计师亲手白描的荷花图案。而另一侧的墙面则用一幅倾斜形态的窗户做装饰，产生单纯又丰富的空间体验。楼梯的下方区域，铺上白色的沙石，点缀着煤油灯、铜壶等物件，它们模糊了时间的概念，却颇有一番自在的个性。

二楼的区域中，设计师延续着传统文化的精髓，并用自己的理解为其注入新鲜的感官体验。在一个开放式的会客空间中，墙面的画作衍生出独特的精神气质。设计师将三坊七巷建筑的写意形态与西方油画的写实静物搭配在一起，并在画的尽头虚拟上江水、帆船、海鸥等景致。人们仿佛走入另一重境界，身心不自觉地摇曳在艺术与文明的氤氲情境之中。这种文化的碰撞在家具陈设中也得到了体现，改良后的中式家具与现代意味的装饰陈设并存在空间中，洋溢着自我个性的解放。一旁的走道上，白色的墙面用麻绳装饰，线性的姿态柔化了空间的气息，并产生视觉的意动。走道尽头用红铜镜，让空间拥有似实而虚的张力。顶部的灯饰则以冷、暖两种色彩呈现，寓意着传统文化中的阴阳协调。而在会所的包厢中，设计师将中式文化衍生出一种安宁的心境。暖色的麻布铺陈在若干墙面上，自然朴实的纹理沁人心脾。另一侧的墙面上则轻描淡写着古代文人的形象，绵延其中的人文精神削弱了元素间的冲突，彼此之间的适度差异让空间充满了生动，"恬淡中和、翰墨飘香"或许是对这个空间最好的形容。

对页 / 会所入口

本页-上 / 会客区
本页-下 / 装饰品

本页-左上 / 本页-左下 / 品茗区
本页-右上 / 过道
本页-右下 / 会客区

对页 / 楼梯

项目信息

项目名称：电影工坊 Cineaste Hotel

项目地址：中国，北京，怀柔区

设计单位：CHADA

设计时间：2012年

建成时间：2013年建成

寻觅电影的踪迹
Looking for the Film Traces

在这里能给予你无穷无尽的探索与想象，不同的视觉感受,不一样的酒店空间体验，在这里的每一处你都能够发现属于电影的小秘密，在这个超前设计概念的电影工坊式的酒店里，从空间环境的角度出发，去切身体会电影的魅力所在吧！

CHADA：电影工坊，坐落于北京，是一个独特的文化和娱乐体验场所，位于中国电影产业的中心。该项目的室内设计不仅展示出怀柔地区在中国文化故事中的重要性，同时也成为全球电影界中的一部分。

酒店共有 280 个房间供在中国电影业工作的人员使用。不同于一般的电影主题，设计师通过很多幕后和舞台音响寻找设计灵感。在酒店中能看到很多电影幕后运用到的基础设施，粗犷以及相互矛盾的抛光元素让 Cineaste Hotel 成为最好的电影布局，而当戏剧性的灯光接入，它又变身成为"影院"。

酒店的内墙由混凝土砖构造而成，如此设计不仅将预算控制在范围之内，同时也降低了此项目的碳排放量。酒店的灯光由专业剧院灯光设计师完成。从入口到客房的过程给客人带来"惊艳"的感觉，仿佛一部电影的设置。随着一天中的时间变化，灯光设备也会做出调整，让酒店内饰充满变化。

我们与一个专业做剧院灯光的照明设计师合作。

从入口通往客房的通道，像一个电影集，内部通过舞台灯光装置改变控制程序来调节一天的气氛。

设计小组精心策划的内部使用潜意识的设计信息，并引用世界知名"电影人"。我们也运用了电影中的光与色彩，并设计成套的艺术品、家具、纺织品等。

在客房的设计中，我们运用了许多超前概念，以一个五星级酒店的期望标准而设计。

CHADA: *Cineaste Hotel, Beijing, is a unique cultural and entertainment experience located at the heart of China's movie industry. The interior design of this project celebrates the district of Huai Rou, which is important in China's cultural story, and also the global movie world of which Huai Rou is a part.*

The brief was to create a 280-room hotel for people who work in the movie industry in China. The original name for the hotel was Ying Ren, which means 'movie people'. Instead of defaulting to the usual movie themes, we looked behind the scenes at the back lot and the sound stage for our inspiration.

Central to the concept was the conflicting elements of raw and polished. The rawness of concrete and scaffolding - the infrastructure of the film lots – is set against rich, over-the-top 'sets'. This became theatre when dramatic movie lighting was introduced.

As all the internal walls are concrete blocks the construction was both inexpensive and speedy and fell within the constraints of the budget and programme. All the materials could easily be sourced locally, reducing the carbon footprint of the project.

We collaborated with a lighting designer who was an expert in theatre lighting.

From the entrance experience through to the guest rooms the guest is 'wowed' and, like a movie set, the interiors change through the course of the day through the use of theatrical lighting as a device to alter the ambience.

The design team made subtle cultural statements through meticulously orchestrated interiors; using subliminal design messages and references to the world occupied by the 'movie people'. We used light and colour and drew on film eras and genres; though artwork, artifacts and custom-designed objects, furniture and textiles.

The project is very locally relevant and iconic, and this was achieved despite demanding operational and budget considerations imposed by the hotel owners.

In designing the guest room we disposed of many of the pre-conceptions and expectations for a five-star hotel.

Rick Whalley

Juliet Ashworth

Rick Whalley（CHADA合伙人、总监）：我们很高兴客户愿意冒险尝试全新的设计领域，和我们一起创造一个真正能提供新鲜感与兴奋感的酒店。

Juliet Ashworth（CHADA合伙人、创意总监）：电影工坊向顾客讲述着独特的故事，它的设计灵感源于电影业的视觉与画面效果，在这里你可以收货不一样的生活体验。

前页-跨页 / 酒店大堂

对页 / 酒店长廊

本页-上 / 本页-下中 / 休闲空间
本页-左中 / 本页-右中 / 餐饮空间
本页-左下 / 酒店房间
本页-右下 / 室内大厅

项目信息

项目名称：陶瓷博物馆和马赛克公园
地点：中国，锦州
客户：直辖市锦州
设计师/建筑师：卡萨诺瓦+埃尔南德斯建筑师
项目状态：完成
开始日期：2011年10月
完成日期：2013年5月
公司网站：www.casanova-hernandez.com
图片来源：卡萨诺瓦+埃尔南德斯建筑师、本·麦克米兰

Project name: Ceramic Museum and Mosaic Park
Location: Jinzhou, China
Client: Municipality Jinzhou
Designer /architect: Casanova + Hernandez architects
Status of project: Realized
Starting date: October 2011
Completion: May 2013
Firm website: www.casanova-hernandez.com
Photo credit: Casanova + Hernandez architects, Ben McMillan

陶瓷博物馆和马赛克公园
Ceramic Museum
and Mosaic Park

设计师为我们营造了一个花的世界和颜色的海洋，纷繁的颜色与多变的几何形体是这个项目的基本元素，该项目的成功经验为中西方文化在建筑上的融合提供了一个很好的借鉴。

Helena Casanova：Casanova + Hernandez architects合伙人访谈

Editor：*First of all, please introduce yourself.*

Helena Casanova：*Casanova+Hernandez, founded in 2001 by Helena Casanova and Jesus Hernandez, is a design and research studio based in Rotterdam. It focuses on rethinking and designing our urban habitat in order to create vibrant cities while promoting environmental and social sustainability. Working with an interdisciplinary team and with experience developing projects in very different cultural contexts in Europe, South America and Asia, the office has expanded its capabilities and its international network through close and fruitful collaboration with experts in different continents.*

Editor：*You selected four plants as design elements, Are they have any special meaning?*

Helena Casanova：*The selection of the plants seeks matching the four main colors used in the ceramic tiles. The mix of colors, and the contrast between the shiny texture of the ceramic tiles and the soft one of the flowers stimulates a vibrant and multisensory experience of the project.*

Editor：*As far as I am concerned, I'm very like the works of Gaudi, especially the curve bench of Park Guell, I found your design have the same effect on the use of ceramic, can you talk about which designers or works affect the view of your design?*

Helena Casanova：*"Trencadis" is an old technique used by some Catalan modernist architects such as Antoni Gaudi and Josep Maria Jujol, with which we have experimented in Jinzhou creating a symbolic link between the mosaic tradition in Europe and the Chinese tradition of the crackle glaze porcelain. Gaudi was a great influence in this project, not only because of the unusual way of using the ceramic material, but also because he used to work with complex geometries built with simple construction methods. The long and sinuous bench of the Park Güell and the sculptural chimenees placed on top of the buildings of Gaudi are references of how everyday elements can be transformed into pieces of art. We were also inspired by the work of Li Xiaofeng who creates amazing porcelain costumes using ancient porcelain shards retrieved from archeological sites. We are in general inspired not only by architects, but mostly by intelligent artists who create beauty and at the same time make us think of*

interesting topics, stimulating our imagination.

Editor：*Do you encountered any difficulties in the design process? How to solve?*

Helena Casanova：*When we work on an international project with high artistic ambition like this one there are always some difficulties, which we do not understand as problems but more as positive challenges that give us the opportunity to provide creative answers, something that makes the project innovative. One of the difficulties of this project is that it is conceived as a complete piece of art, mix of architecture and landscape combined into a unique hybrid element. But architecture and landscape architecture are two different disciplines managed by different professionals, with different construction techniques and different construction companies involved in the realization. For instance the same broken ceramic tiles are used as finishing for the pavement, the benches, the walls and roof of the building. The first challenge was to convince the different parties about the importance of using the same material for the pavement of public space and for the walls of the building, although in China this is not usual. The second challenge was to find the appropriated technical solutions and to coordinate the different workers to do pavement and facades with the same appearance.*

Other difficulty was that we used flowers as a "construction material" in similar way bricks or concrete could be used.

But, of course, flowers are live plants which have a blossom period and also die. The challenge was how to work with something alive that changes over time. The solution was to develop a plan of planting based on the use of different species of flowers with different blossom moments to guarantee that the landscape shows always a polychromatic appearance. The interesting thing for us is that the project, although it maintains in every moment a conceptual coherence, is always different. One day the project is dominated by yellow and purple colors and one month later it will be probably more red and blue. By doing this, architecture and landscape are alive, always changing and different. It becomes something really special, unexpected, with its own soul.

Editor: From the design method and design language, we can find your attention to the traditional culture, as a Dutch designer, Do you have any special understanding of Chinese culture?

Helena Casanova: When we work in a different context we try to understand it as much as possible. We do not try to imitate the local architecture because we think there will be always local architects capable of doing it better than us, and we do not try to design alien projects that could be placed the same in China, Russia or India having exactly the same meaning. In our case we were already familiar with Chinese culture because we travel frequently to China, we have been invited there for lectures and we have developed educational workshops in universities as well. But being conscious that we have a different cultural background we try to see with new eyes what is the hidden potential in the place that probably local people cannot see. In Jinzhou we investigated the culture and the history of the area and the fact that in the past there was a rich tradition of producing porcelain about which nowadays people do not know too much, was very interesting for us. We thought it was important to make this tradition visible not only by making the plan of the project based on a crackle glaze porcelain plate or by using local ceramic tiles as finishing material, but also by creating a building to promote the ceramic art and porcelain in the area. This puts local citizens in contact with their ancient local culture and at the same time promotes the contemporary local creative industry.

Editor: For you ,where is the most satisfied part in the project? Have any impact on your design in the future?

Helena Casanova: The most satisfying part of the project has been its popularity. When we work as architects on public projects the important objective is to create spaces for the people, spaces to enjoy, for interaction, that stimulate the public life and the use of the public space. But also it has been very satisfying how the interior of the building has been transformed after the opening from a minimalistic empty space into a vibrant exhibition space being fully occupied by ceramic pieces of different artists and by public following them with great interest.

The direct impact in the near future is that, due to the success of the project, we have been approached already to design new public spaces and public buildings in other parts of China. This gives us the opportunity of going on working in a cultural environment that we love a lot, while continuing with our line of experimentation.

本页 / 植根于景观中的博物馆

编辑：首先，请您做自我介绍。

Helena Casanova：我们设计与研究事务所位于荷兰鹿特丹，由海伦娜•卡萨诺瓦和杰西•赫尔南德斯创立于2001年。在社会和环境可持续发展的背景下，它旨在反思与设计我们的城乡环境，力求创造出充满生机的城市环境。在欧洲、南美洲、亚洲的多个文化背景中，我们多学科人才组成的团队实践了很多的项目。公司通过与各大洲的专家建立密切且富有成效的合作，很好地挖掘了自身的潜力，开拓了国际间的合作。

编辑：您在设计之中选取了四种植物作为设计元素，它们具有什么特殊的寓意吗？

Helena Casanova：四种植物的选择是为了同运用到瓷砖上的四种颜色联系起来。多种颜色的混合以及瓷砖之间光泽质感的对比共同创造了一个充满活力的多感官刺激体验项目。

编辑：就我个人而言，一直很喜欢高迪的作品，尤其是古埃尔公园的曲线长椅，我发现您对陶瓷的运用与之有异曲同工之妙，请谈谈哪位设计师影响着您的设计观。

Helena Casanova："马赛克"是加泰罗尼亚现代主义建筑师，如安东尼•高迪和何塞玛丽亚经常用的技术。我们在锦州的这一项目就在欧洲的传统马赛克与中国传统的裂纹釉瓷器之间建立了符号联系。高迪对这一领域有着巨大的影响，不仅是因为他对陶瓷材料独特的使用方式，还因为他常常用最简单的施工方法建造复杂的几何形建筑。日常生活中的各种元素都可以变成艺术品，公园里悠长而蜿蜒的长凳和安放在高迪建筑顶端的雕塑都可以证明这一点。我们也从李晓峰的作品中得到了启发，他使用从考古处收集的古老瓷器碎片，创作了一个惊人的瓷器服装。总的来说，我们不仅受到了建筑师的启发，更多的灵感是来自一些杰出的艺术家，他们在创造美的同时激发了我们的创作灵感，使我们想到很多有趣的主题。

编辑：您在设计过程中遇到过哪些困境？是如何解决的？

Helena Casanova：当我们在做一个像本次项目这样艺术追求比较高的国际项目时，困难在所难免。但是我们不会把它当作问题，我们更愿意将其视为积极的挑战，它给了我们机会做创造性地设计，这一点往往会使建筑更加的新颖。

其中一个问题就是它被构想成一个完整的艺术品，由建筑和景观融合成一个独特的混合体。

但是建筑和景观分属于两个不同的学科专业，有着不同的施工方法，需要不同的建筑公司参与实现。同样的道理比如说，破碎的瓷砖会用于路面、长椅、建筑的墙壁以及屋顶的修饰。第一个挑战就是说服各个部门，让他们了解到在公共空间的路面以及建筑的墙体使用同一种材料的重要性，尽管这种方法在中国很少采用。第二个挑战就是寻找适当的技术解决方案、协调不同的工人以达到相同的外观效果。

其他的困难就是我们用花作为一种"建筑材料"，同样的砖和混凝土也是。但是，花是有生命的，它有茂盛期，同时也会枯萎。挑战来自于如何处理这些会随着时间推移不断变化的生物，有个解决方案就是制定一个种植计划，这个计划是基于不同种类的花有着不同的繁盛期，按这样一个计划种植就能够保证景观始终以多彩的外观示人。

Jesus Hernandez（上）和 Helena Casanova（下）

编辑：从设计手法与设计言语中可以看出您对于传统文化的关注，作为荷兰设计师，您是如何理解中国文化的？

Helena Casanova：当我们在不同的文化环境中工作的时候，我们会尽可能地去理解它。我们不会试图模仿当地的建筑，因为我们知道总会有很多出色的本土建筑师在这方面做的比我们好。我们也不会试图设计异己的建筑，这些建筑无论是放在中国、俄罗斯抑或是印度，都表达着完全相同的含义。中国文化对我们团队来讲已经非常熟悉了，因为我们经常来中国。我们经常被邀请做讲座，而且还在一些高校做了专题的教育研讨会。但是我们很清楚，我们拥有不同的文化背景，如果我们采用新的观察视角，我们就可以找到那些可能连当地人都没发现的隐藏潜力点。我们研究了锦州当地的文化和历史，发现了一个很有趣的现象，那就是当地有着悠久的生产瓷器的历史，而这一点当地人知之甚少。我们认为将这一优良的历史发扬出去是很重要的，这不能只靠基于破碎瓷器设计的项目或者是仅仅将传统的瓷砖用作装饰材料，更应该通过一栋建筑来促进当地的陶瓷艺术。

这将有助于市民与他们当地古老的文化接触，与此同时，这样也有助于提升本地当代创意产业。

编辑：您对这个设计项目最满意的地方在哪里？对您今后的设计有何影响？

Helena Casanova：我对这个项目最满意的一点就是它的大众化。作为建筑师的我们在接到一个公共建筑项目时，很重要的一点就是要创造一个供人民享受、交流的空间，这不仅可以调剂公共生活还可以促进公共空间的使用。当然了，还有另外一个我们非常满意的地方，那是建筑内部在开放之后由简约的空间转变成一个充满活力的展览空间，这个空间被各种陶瓷艺术品和前来观赏它们的人们所占据。

在不久的将来，这个项目的直接影响是：基于这个项目的成功经验，我们计划将其运用到中国其他地区的公共空间或公共建筑的设计上。这给了我们一个继续在自己喜欢的文化环境中工作的机会，同时也可以继续我们的实验。

本页·跨页 / 景观剖面
对页·下 / 多彩植物与破碎的陶瓷作为设计元素，东西方元素的结合

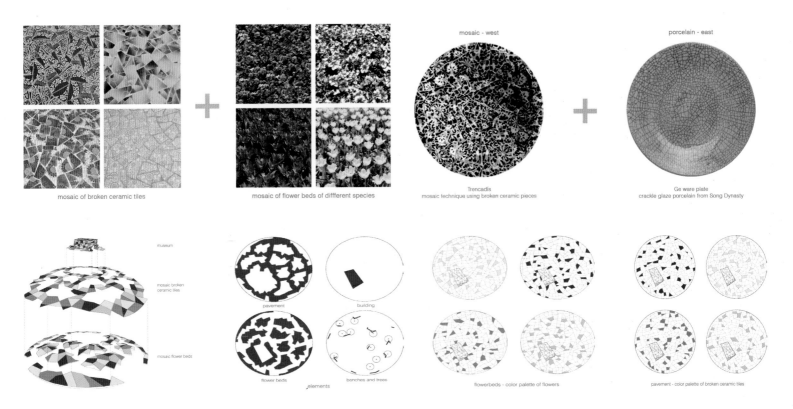

mosaic of broken ceramic tiles

mosaic of flower beds of diffferent species

mosaic - west

Trencadís
mosaic technique using broken ceramic pieces

porcelain - east

Ge ware plate
crackle glaze porcelain from Song Dynasty

museum

mosaic broken
ceramic tiles

mosaic flower beds

pavement

building

flower beds

elements

benches and trees

flowerbeds - color palette of flowers

pavement - color palette of broken ceramic tiles

本页 / 对页-上 / 对页-右下 / 建筑
与景观相映成趣

对页-左中 / 对页-左下 / 地面铺装

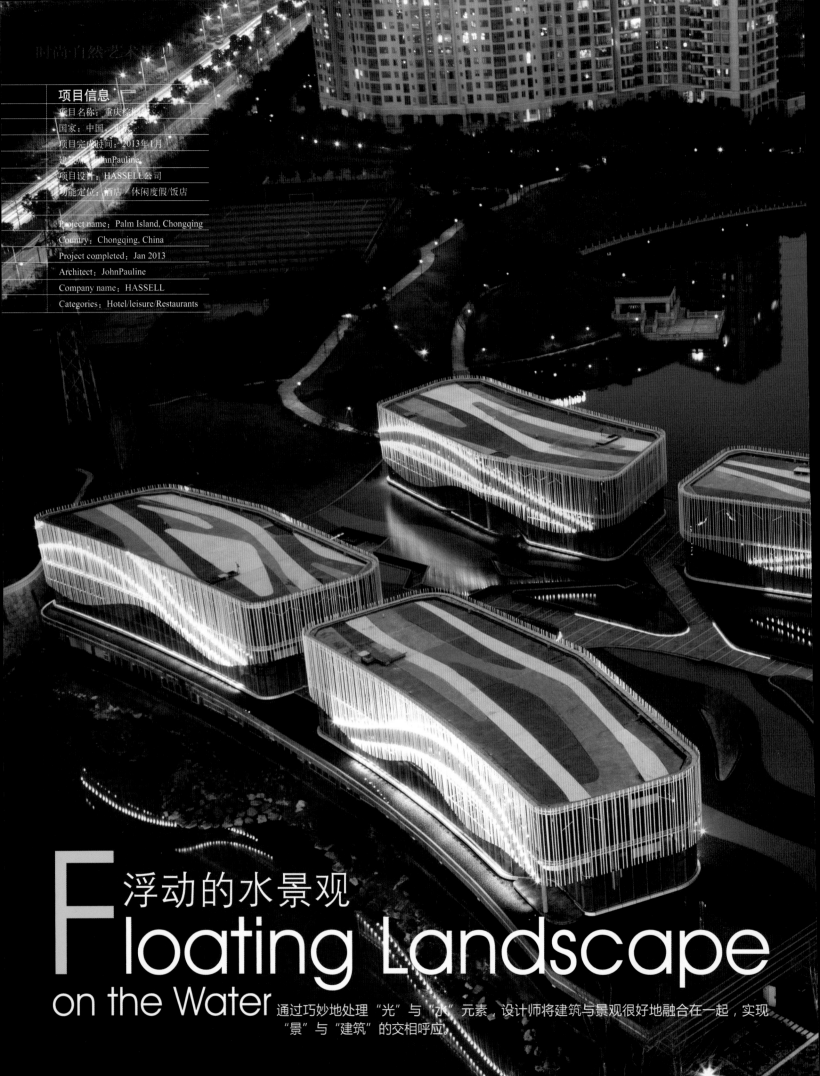

时尚自然艺术设计

项目信息
项目名称：重庆榕树湾
国家：中国
项目完成时间：2013年1月
建筑师：JohnPauline.
项目设计：HASSELL公司
功能定位：酒店／休闲度假/饭店

Project name：Palm Island, Chongqing
Country：Chongqing, China
Project completed：Jan 2013
Architect：JohnPauline
Company name：HASSELL
Categories：Hotel/leisure/Restaurants

F浮动的水景观
Floating Landscape
on the Water

通过巧妙地处理"光"与"水"元素，设计师将建筑与景观很好地融合在一起，实现"景"与"建筑"的交相呼应。

The Palm Island project is a series of five 'floating islands' situated in northern Chongqing, China, on the banks of Qing Nian Reservoir and the Palm Spring Geological Park Lake. The 'floating Islands' form a new hospitality precinct within the Palm Springs International Garden complex and include five restaurants and a teahouse.

The design was inspired by the geography of Chongqing, which sits at the convergence of the mighty Yangtze River and Jialing River and the site conceptually and visually connects the reservoir and the lake. Water is the key design element, and, combined with careful consideration of light, creates ever changing reflections. Patrons at each restaurant enjoy views of natural water vistas on one side and a private 'water courtyard' on the other, integrated visually through the creation of an infinity pool-style water platform. This gives the architectural impression that the buildings are floating on water when viewed from afar. The elevated water platforms conceal the operational aspects of the restaurants such as parking, loading areas and kitchens. This allows the public aspects of these dining zones to be revealed above

the waterline so that patrons are able to fully appreciate the water views in all directions. These platforms also allow flow-through ventilation and plenty of natural light to pour into the restaurants.

Although the architecture is 'frozen in time', there are several aspects that create sequential experiences. The curved forms of the building and crystal-like glass structure produce continuously changing reflections. Strong wave patterns appear in the facade, which is made from an aluminum screen featuring white vertical rods of varying thickness. Together, the curved forms and the facade alter the visual density depending on the viewer's perspective. The rigid, but fluid, patterns of the white rods are viewed through reflections from the water, with the movement of the water 'vibrating' the straight lines. During the day, the sunlit rods are highlighted against the dark tiles under the water, evoking a musical quality, and in the evening the effect is further enhanced by artificial lighting to create a dreamlike quality.

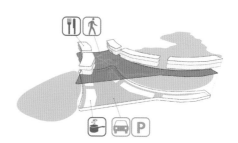

　　棕榈岛项目坐落于中国重庆市的北部，位于青年水库和棕榈泉地质公园的湖之间，由五个成系列的"漂浮岛屿"组成。"漂浮岛屿"包含了五个餐厅和一个茶室，在棕榈泉地质公园形成了一个全新的接待区。

　　项目设计灵感源自于重庆特殊的地理环境——位于长江和嘉陵江的交汇处，而建筑的场地不管从理论上还是从视觉上也呈现了这一特点并将水库与湖泊联系在了一起。水是这个设计的关键元素，光的运用也非常的考究，将两者结合就创造出了不断变化的反射景观。顾客在每个餐厅都能欣赏两种水景，一侧是自然的水景，另一侧则更像是一个私人的"水的庭院"，而餐厅作为一个水上的平台生动地将两种水景结合在了一起。当人们从远处看过来的时候，建筑就会给人一种漂浮在水上的感觉。升高的水平台将餐厅的停车区、装卸区和厨房等辅助功能区都掩盖在了地下。这就使得就餐区高高地透出水线，使顾客能够360度全方位地欣赏水景。这些平台还使得充足的自然光注入餐馆，同时也加强了建筑的通风。

　　虽然这个项目只是漫长时间中一个短暂凝固的瞬间，但还是在很多方面取得了一系列的经验。建筑的曲面形式和晶莹剔透的玻璃结构一起产生连续变化的反射。强波模式图案呈现在铝丝网装饰的建筑表面上，这个饰面由可变厚度的白色竖杆组成。在曲面的形式和变化的建筑表皮的共同作用下，观众的视觉密度发生了改变。由坚硬且富有动感的竖杆反射到水中，由此可以看到笔直的线条随着水波摆动的样子。白天，受到阳光照射的白色竖杆在反射到水中的时候，间接地照亮了水底深色的瓷砖，因此产生了一种韵律感。而晚上在人工照明的配合下，这种点亮效果进一步增强，创造一个近乎梦幻般的情景。

跨页-上／巧妙地处理"光"与"水"元素，将建筑与景观很好地融合在一起
对页-上／总平面
对页-中／剖面
对页-下／功能分区

本页-左上 / 本页-左下 / 纵横交错的路网
本页-右上 / 本页-右下 / 水中倒映出建筑的光影

对页 / 波光粼粼的水景与建筑相和谐，水中的建筑倒影随微风摆动

项目信息
项目名称：银川艾依河滨水景观公园
项目地址：中国、银川市
项目业主（委托方）：银川市水务局
设计单位：深圳毕路德建筑顾问有限公司
项目面积：192000 ㎡
设计时间：2012年6月1日
建成时间：在建

The 摇曳西北的滨水烟波

Waterfront Design of Swaying the Northwest

艾依河是银川这个城市的梦想中心，滨水景观正是其能依托的形式。该设计将地域特色、生态低碳、以人为本融入其中，塑造出生态艺术的新"神话"，为艾依河滨水景观公园营造出一种多层次、多空间的滨水氛围。

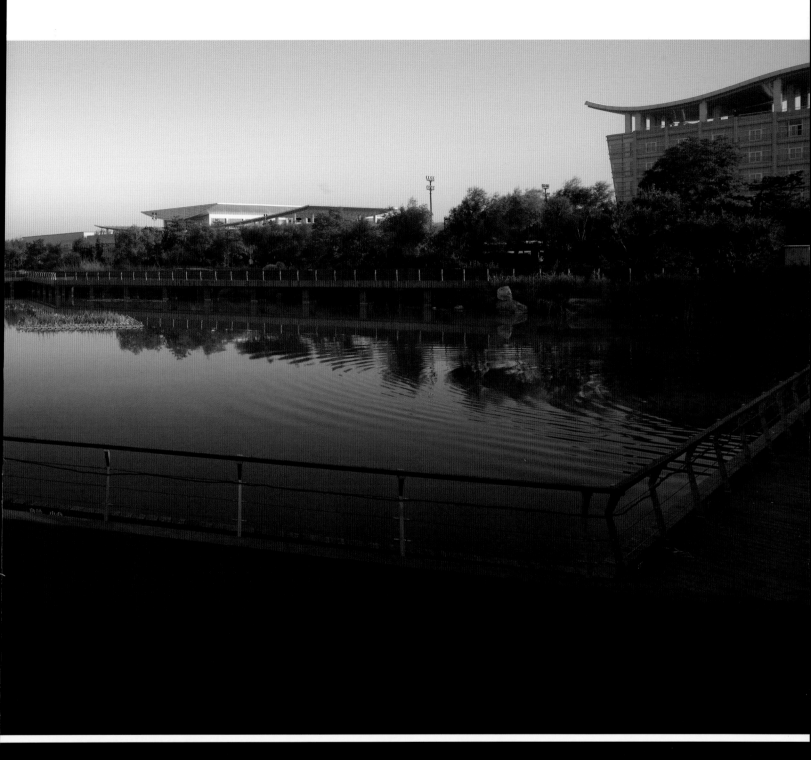

　　银川艾依河滨水景观公园基地位于银川市金凤区东北部，紧邻城市新区，北起唐徕渠，南到贺兰山路，东临海宝公园，西至亲水大街，位于交通黄金交点上。滨水优美的休闲空间是每个城市的梦想，艾依河正是实现这种梦想的地方。

　　但项目面临的现状却是粗糙的城市滨水区域，不仅水和城市割裂，未能实际解决城市的环境问题；而且滨水景观只作为装饰存在，没有建立多元的体验体系，毫无人气；特别是定位不全面，只考虑简单的城市配套性质，对城市影响力的提升无能为力。

　　毕路德的设计理念从融合地域特色、凸显生态低碳、以人为本三大主题核心入手，展示塞上湖城、西北水乡、山水相连的城市风情，塑造西北江南景致的"神话"，打造水城一体的中国西北地区最具影响力的城市轴线，展示多彩银川的魅力与品位。

设计以在城市的核心地段打造展示城市魅力的空间舞台为目标，立足场地空间的落差，结合银川生态立市、塞上湖城的城市定位，打破绿化隔离的客观存在，缩小城市与自然之间的距离，创造性地运用抽象手法，从地道的文化中引申出"折线"与"水波"作为场地造型的基调，创造生态的退台空间，编制新的城市体验载体，形成一个水城交融的城市舞台，尽情展现城市魅力。打造一个有序列层次的空间体验界面，使生态滨水形象得以形成。

生态之水 涵养西北水乡

银川艾依河滨水景观公园的生态之水功能区，在动线设计上注重自然景观、原生态地貌的利用。根据"折线"造型的生态退台空间与曲折的亲水游步道的设计，打造流畅迂回的自然（半被动）流线；细节设计以生态自然的感受为主导，灯具设计将绿色环保的生态理念贯穿其中，使用绿色的照明器具与设备，避免光污染等有害光的出现。强调区域空间特色，注重设计语汇的连续性。城市家具隐逸于场地中，以生态、简约、舒适为主；材料运用方面，主张传统材料应用于现代设计中，使设计体现时代精神。

悦活之水 跃动银川风情

银川艾依河滨水景观公园的悦活之水功能区动线设计着力打造以休闲体验为主题的广场与平台空间，故人流动线注重"纵横"的立体连接，兼顾空间转换的便捷性及引导性，提高空间趣味性，增强体验感；细节设计以营造空间氛围为主导，多采用造型简约，富含趣味性的雕塑小品及城市家具；灯具设计以打造明暗有致、动静结合、极具节奏感的灯光氛围为重点；利用本土质朴的

原材料木材和石材作为表现手法，创作出极具现代感的游步道系统与舒适、生态的石笼阶梯。

文化之水 润泽城脉千里

银川艾依河滨水景观公园的文化之水功能区以地域文化为"魂"，采取"动线理念"、"移动的荧幕"，诉说时空交替下的历史文化长廊——随着游客的步移景异，感受银川浩瀚古今的历史文化演绎。重点主要为水平交通空间的组织；细节设计以文化为主导，配以系列主题性雕塑；灯具设计突出主体视觉元素，强调戏剧性场景的展现，同时配以简约、舒适的城市家具；设计在体现简洁与凝练的现代景观特色的同时，反映了银川人民刚直坚韧的民族特色与场所精神。

植物配种设计方案

在毕路德植物设计方案中，以保留场地当中的芦苇、香蒲、柳树、红柳等树木（去除柏树等常绿植物）为主要原则，对场地当中的芦苇、香蒲进行生态恢复，再适当地补植芦苇、香蒲、红柳等植物，使其形成良好的生态基底环境；配合草花类植物，再适当点缀本地常见的景观乔木，形成以芦苇、香蒲、红柳为基底的、舒适宜人的生态植物群落景观。在植物景观体验的塑造方面，通过大面积铺设草本花卉植物，形成生态、自然的群落植物景观，配合现有的乔木及芦苇、香蒲等植物，形成自由、旺盛的野生植物群落景观。

植物景观通过将"银川 - 凤凰、金凤 - 栖水、湖滨 - 彩翼、塞上 - 奇观"的创意组合以及对凤凰特征的提取，具体以芦苇、香蒲、红柳为背景，形成以观赏草、千屈菜、丁香、蜀葵及

菊科植物、马蔺等草本花卉观赏植物为主的野生花卉草甸景观（生态基底景观：芦苇、香蒲、红柳；观赏草景观：垂柳、蒲苇、晨光芒；千屈菜花带景观：新疆杨、红柳、千屈菜；丁香花带景观：国槐、丁香、圆柏；蜀葵及菊科植物花带景观：栾树、桃花、蜀葵、波斯菊、金鸡菊、松果菊；马蔺花带景观：马蔺），最终形成"龟背、鱼尾散落在五彩色带上"的奇观。在毕路德看来，景观已不再是自然的再现或自然的艺术提炼，而更多的是带给观者自然的感受，需要一颗自然的心灵去体验，去品味。

毕路德"银川艾依河滨水景观公园"规划方案，立意于银川的发展和传统文化的结合，采用较为抽象的手法来表达主题设计理念。由"金凤栖水、塞上奇观"抽象出来的折线造型阐述公园现代游憩体验的主体空间结构。创造先进的设计体验及优越的城市形象，营造一条视觉享受和生态休闲的记忆性景观地标，把艾伊河滨水景观公园打造成中国西北地区最具影响力的城市轴线，形成银川面向世界的形象窗口与大气连贯、视觉冲击力强的城市景观新形象。

本页-上／滨水景观廊道—曲折的滨水景观廊道

对页-上／文化之水功能区—曲折的历史文化长廊

本页-中 / 悦活之水平台空间——
此区细节设计以营造空间氛围为
主导,多采用造型简约、富含趣
味性的雕塑小品及城市家具
本页-左下 / 休闲步道——营造一
条视觉享受和生态休闲的记忆性
景观廊道
本页-右下 / 植物配种——通过大
面积铺设草本花卉植物,形成生
态、自然的群落植物景观 / 悦活之
水主题广场——以休闲体验为主题
的广场与平台空间,人流动线注重
立体连接,兼顾空间转换的便捷性
及引导性

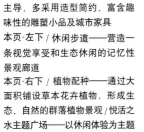

项目信息

项目名称：凤鸣山景观设计

项目地址：中国重庆

项目业主（委托方）：万科地产有限公司

项目面积：1.6公顷

设计时间：2012年6月1日

建成时间：在建

依傍重庆的景观
On the Landscape
of Chongqing

它依托于重庆独特的地理景观、气候与文化，赋予景观新的含义和内容，带领人们进入一个全新感受的景观世界......

该项目位于重庆沙坪坝凤鸣山区域，南至老建筑地区，北至华玉城市项目区，西到上桥路，东到风西路。项目总体面积约为16000平方米。

整体环境设计灵感来自重庆独特的景观、气候和文化：比如地区多雾多雨的天气；比如富于变化的山与谷的地形；比如曲折蜿蜒的河流和梯田。

设计师想要通过设计达到一种效果：即从入口地面活跃的线条起就能吸引人们进入广场。而区域中的展示雕塑设计是神秘山脉的意向表达，设计师沿着道路进行有目的的设计布置，以引导访者沿着"山"展示雕塑到达销售中心区域。除了导向标识作用，这个雕塑还具有休息遮阳与抗灾救援功能。

凤鸣山地势陡峭，设计师因地制宜用变换丰富的折线以营造流畅的斜坡路径，这种强烈的形式形成多种设计语言，并有意识的贯穿整个区域空间的始终——它是路面上活跃气氛的艺术画；它依据地势层层向上，形成曲折蜿蜒的路径；它一部分由水渠中潺潺的流水表达；它逐渐变换升高成为休息座椅；它带领访者由入口广场步步深入，进入万科销售中心。

对于重庆来说，水有着尤为重要的地位，该项目的设计核心理念就汲取了"水"的流动与汇聚，用变化丰富的水形式，从水渠到水池到水泉的交替变化，形成层层引导，带领访者步步深入。

The project is located in Fengming Mountain area in Shapingba District, Chongqing, extending south to the old housing quarter, north to Huayu City Project, west to Shangqiao Road and east to Fengxi Road. The net site area of the project is approximately 16,000 sqm. The Public Realm has been designed so that these future developments can be integrated into the landscape scheme.

The vision has been inspired by the unique landscapes, climate and cultural of Chongqing; Mist and Rain; Mountains and Valleys; Rivers and Terraces.

The projects experience is immediately brought to life with dancing sculptures lining the entrance to draw people arriving by car into the arrival plaza. Pavilions designed to reflect the mystical mountains of the region are located with the arrival plaza, and are strategically positioned along the path, leading pedestrians down the 'mountain' into the Sales Centre area. The pavilions are also important to provide shade and relief along the journey.

The site is extremely steep, using a broad zigzag path to provide mobility down the slope, this strong form enables a sequence that is used throughout the scheme to continue a pattern language as your arrive; as painted art on the pavement; down the zig zag path; into meandering water features; through plazas and then to the final destination at the Sales Centre. At this point, the pattern intensifies into raised benches, coloured paving and lights to provide a crescendo of

excitement.

The presence of water is a major part of the Chongqing and is expressed as a 'flow' of water from the arrival plaza to the sales centre, using a variety of different water effects, such as: channels, pools and jets.

对页 / 景观雕塑细节

本页-上 / 雕塑夜景
本页-中 / 本页-下 / 设计师因地制宜用变换丰富的折线营造流畅的斜坡路径

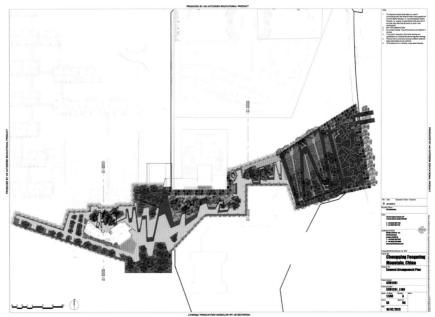

本页-左上 / 长道
本页-右上 / 设计灵感源自于重庆富于变化的山与谷的地形
本页-左中 / 本页-下 / 局部景观
本页-右中 / 具有引导性的地面铺装

对页 / "水"在项目中有着尤为重要的地位

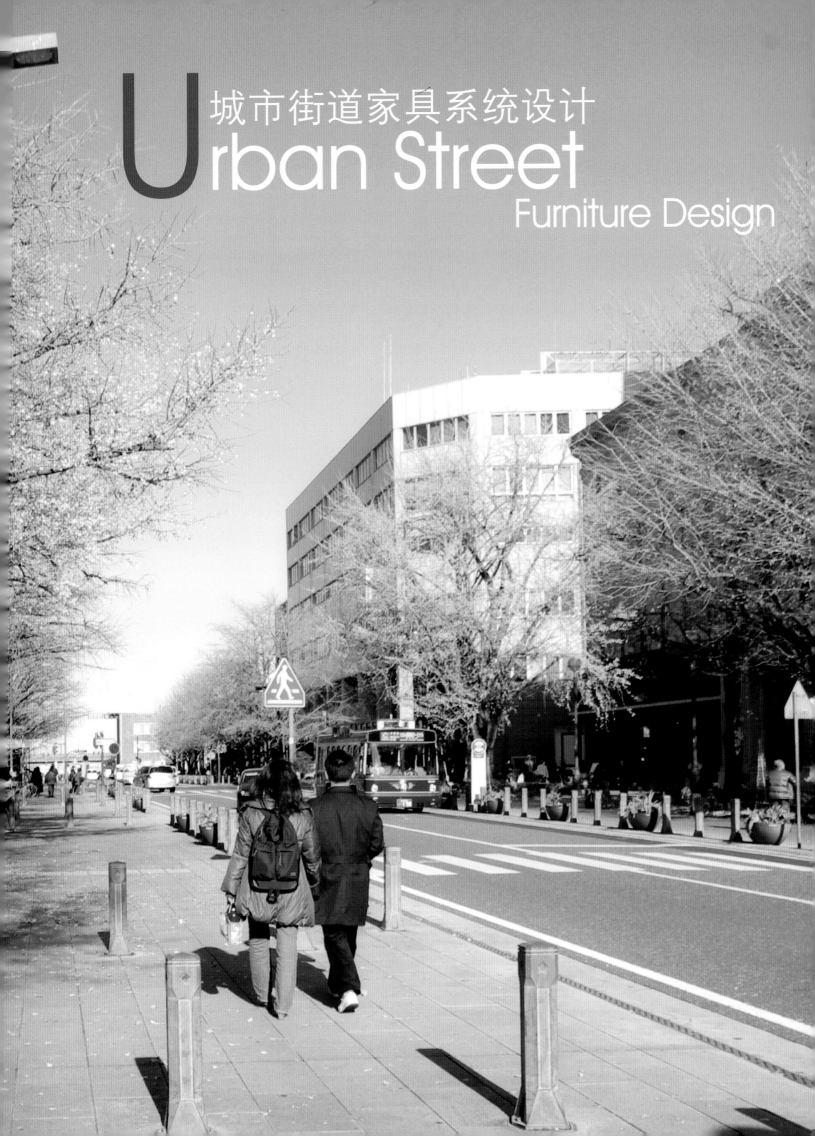

城市街道家具系统设计
Urban Street
Furniture Design

新观念：城市街道家具系统设计

一、背景概述

街道家具作为城市景观的构成元素，起着协调人与城市环境关系的作用。与城市的快速发展相比，城市街道家具却呈现出整体散乱、缺乏特色与文化内涵、欠缺维护等诸多问题。创造与环境和谐统一、具有鲜明特色的街道家具已成为提高市民生活质量、提升城市形象和品位的迫切问题。

上述问题的产生是由历史、社会等多种因素共同造成的。单从思维模式的层面分析，实为设计思维存在问题，其根本原因是点性思维的问题。为此，引入系统思维，提出城市街道家具系统设计——将物体置于相互影响、相互制约并相互呼应的关系中，整体的把握人、环境、街道家具三者的关系，把街道家具系统中各组成要素整合在统一的设计思想之下、进行秩序化设计，从而使街道家具成为市民户外生活质量最优化的组成部分之一。

二、城市街道家具概念

城市街道家具（亦称为环境设施）即所有置备于街道的家具设施，所有在城市或聚落里，设立在道路的边缘、人行道上，甚至就在道路上的公共设施；是城市景观中的公共"生活道具"。

同样的意思在德文称为"街道设施"，法文名为"都市家具"，在日本被理解为"步行者道路的家具"或者"道的装置"，也称"街具"。

按照城市街道家具的实施特性以及主管部门职能分配，城市街道家具可分为6大系统，28类设施。

6大系统包括：交通设施（车行信号灯、人行信号灯、人非护栏、侧分护栏、中分护栏、电子警察杆、交通标志牌、禁止禁令牌、警示牌、路障）；信息服务设施（旅游景点指示牌、城市综合信息牌、路名牌）；路面铺装设施（人行道板、树池、路缘石、井盖）；公共服务设施（果皮箱、自行车停放、强弱电装饰设施、电话亭、书报亭、座椅）；公共设施（普通公共站台、出租车即上即下牌）；照明设施（路灯、步道灯、中杆灯）。

城市街道家具不可避免地要与城市景观、建筑、城市规划等密切地联系在一起，它们是属于城市并融于城市之中的。从城市家具系统性设计的观念出发，创造出既有地域特色又具时代性的高水准的户外家具设施，可以改善城市的视觉环境，提高人们的户外生活质量。

三、我国城市街道家具突出问题

突出问题：欠缺整体性；欠缺对所处环境的考虑；欠缺专业设计；欠缺对人性化需求的满足等等。

四、城市街道家具系统设计方法

系统（system）是由相互联系、相互作用的要素（部分）组成的具有一定结构和功能的有机整体。系统思维就是整体、全面的考虑和解决各个方面因素的一种思维方式。

城市街道家具系统设计的外在特征是从系统的整体性出发，跨学科合作、跨专业结合。城市街道家具系统设计的内在行为是打破传统的单体设计，是把各类街道家具进行统一、科学、系统的"整合"。城市街道家具系统设计的核心：是注重系统中的各部分之间内在联系和相互作用，精确处理部分与整体的辩证关系，科学地把握系统，达到整体优化。

(1) 城市街道家具系统设计的控制元素

人们生活、工作在一定的时间空间环境中，功能环境达到基本需求后，对环境的精神上需求往往是第一需要的。环境精神方面的体现即文化和文脉。文化和文脉是有传承性的，文脉有历史性的、时代性的、地域性的、民族性的等方面，文脉的这些特征性可以通过符号、造型、色彩等各种语言来体现，而这些体现要通过能够表达这些语言的目的，把"文脉"浓缩成元素；把"元素"提升为符号；把"精神"演变为形态；把"思想"移嫁于"造型"。而这些便成了城市街道家具系统设计的控制元素。

(2) 城市街道家具系统设计的方法原理

根据系统论的规律，选择一个优化的设计系统，使之总体优化，就大系统而言，要想实现总体优化是相当困难的。因为大系统结构复杂、因素众多、功能综合，不仅评价目标众多，甚至彼此还有矛盾。所以尽可能选择一个对所有指标都是最优的系统。如果采用局部优化的办法，一般不能达到总体优化，甚至某一局部的改进反而使总体性能恶化。因此，需要采用分解和协调的方法，以便在系统的总目标下，使街道家具各个子系统相互配合，实现系统的总体优化。

(3) 城市街道家具系统设计的基本框架

城市街道家具系统设计分三个层次进行。意识形态层次：认识系统从设计思想与系统分析入手；思维方式层次：分析系统从设计方法与系统分析结合；实践手段层次：构建系统通过设计技术与系统组合进行。

系统设计理念：打破传统的单一学科、专业设计行为，而是多学科多专业的综合设计。具体操作：由一个总设计师和一个各专业职能具备的设计群体，把建设项目的各组成部分进行统一的科学性的系统设计。

跨页／本页／对页／日本横滨中区日本大道，科学系统的街道家具设计与布置，提升了街道的景观魅力，为市民提供了优质的城市空间

自転車通行可

五、从设计到实践

　　城市街道家具系统从设计到实践，全方位的专业支撑——从城市特色及地域文化中提取设计的造型元素，并将提取的元素系统地运用到各类街道家具设计中。在整个过程中，以人的使用为衡量标准，关注人性化设计，同时注重元素的细致设计，以彰显品质。始终要求严格化、标准化的图纸设计，以合理落实设计理念。配合以专业的现场跟进服务，及时解决实施过程中遇到的各种问题。

　　城市街道家具实施具体流程：1.概念设计；2.初步设计；3.家具布点及投资估算；4.家具施工图；5.家具招投标咨询；6.家具样品封样；7.家具安装指导；8.现场服务；9.家具验收

本页-上 / 对页 / 连云港城市街道家具系统
设计-BRT专线系统设计实景
本页-右上 / 从设计到实践，注重细节把握
本页-右中 / 精准的尺寸测量
本页-右下 / 合适的文字比例

六、案例：连云港街道家具系统设计

项目信息

项目名称：连云港街道家具系统设计
设计时间：2010年至今
建成时间：2012年6月至今
设计单位：东华大学环境艺术研究院
建设单位：连云港市城乡建设局、连云港市交通局、连云港市城市建设投资集团有限责任公司、连云港市新海新区区政府、连云港市徐圩新区区政府

项目综述：自2010年起至今，东华大学环境艺术研究院在连云港市陆续展开了海连路、朝阳路景观及街道家具系统设计项目；连云港市BRT街道家具系统设计；连云港市海滨大道街道家具系统设计；连云港市城市道路出新项目等等与街道家具相关的设计与实践工作。

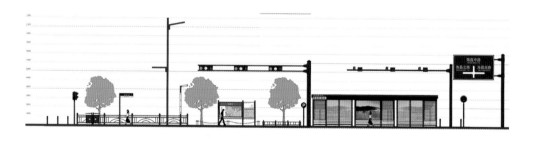

设计说明：连云港项目始终以"简洁·大气·厚重·实用"为基本指导原则，坚持"特色造型、元素统一、细致设计、适宜尺度"的设计理念，通过赋予连云港街道家具以有地域特色的创意设计，营造便民、舒适、安全的街道环境，使得连云港市城市面貌有了质的提升。

对页-上 / 连云港城市街道家具系统设计-BRT专线系统设计实景
对页-中 / 城市街道家具系统设计-立面
对页-左下 / 对页-右下 / 改造前连云港街道实景

本页-上 / 本页-下 / 连云港城市街道家具系统设计-城市道路出新设计实景/BRT专线系统设计实景
后页-跨页 / 连云港城市街道家具系统设计-海滨大道系统设计实景

七、思考

相较于日本、欧洲国家，我国对街道家具尚缺乏专项的规划研究、规范的操作方式和统一的法规制约，大多数城市的城市规划管理部门尚未认识到这项工作的重要性。国内对街道家具设计的研究，多数还停留在相对微观的产品设计的范畴内，对于建立在城市综合景观背景下的街道家具设计理念的研究还处在一个探讨阶段。因此，建立一套不仅实用、美观，又能诱导和促进公众进行户外活动，提升城市综合景观效果的街道家具设计理论是必要且迫切的。

把为城市街道家具做系统化的设计作为未来的发展方向，将为城区街道景观环境建设迈入新的层次与高度提供相应的理论指导与支持。

多彩空间，与光共舞
Colorful Space
Dance with Light

材料是设计的基础和载体，是环境设计研究的重要方面。人类从一开始就在与各种材料打交道，人类文明发展的历史也是一个不断开发、利用材料的历史。设计材料从一开始的草木、泥土、石块和金属，发展到今天已经拥有了一个庞大的体系，包括复合材料、环保材料等等高科技产品。这些材料拓宽了设计的领域，为设计师发挥自己的创造力提供了基础和保障。相同的产品，由于采用了不同的材料和加工工艺，就可以带来巨大的形态变化，随后带来的是使用变化和精神功能的变化。在环境设计领域，材料对于空间氛围的创造有举足轻重的作用，好的材料能够丰富空间环境，提高空间的艺术品质。而光与材料有着密不可分的联系，两者的互动能够产生丰富的视觉变化。

3form树脂板材

一、简介

3form 品牌创立于 1991 年，于 2007 年成为亨特道格拉斯集团的成员。3form 旗下的 Varia™，Chroma™，Glass 产品系列，以其独特的设计和装饰元素，为中国不断发展的装饰设计行业提供创新的设计理念和具有优越表现力的解决方案。

用途：

　　(1) 室内：吊板、透光天花板、灯具、台面、台壁、隔离板、各种艺术挂饰、阶梯踏板

　　(2) 室外：灯具、艺术挂饰

优点：

　　(1) 透光性：透光性总计达到 92%，浑浊度 < 1%，透光柔和。

　　(2) 颜色：色彩均匀，种类多（现有 30 种），最多可混合叠加三种颜色。

　　(3) 可塑性：可做不同表面处理；可做艺术造型，这种造型比玻璃材质更加轻薄；可做夹层；扭曲刚度高，适合大跨度无支撑安装。

　　(4) 安全性：安全性高，抗冲击强度是玻璃的 42 倍，且不会产生碎片；材料表面做了不可燃表面处理，适合防火型应用

　　(5) 耐久性：具有优异的耐化学腐蚀性能和稳定的耐紫外线性质。和亚克力比较性能更加稳定，用在户外不容易变黄和老化。

　　(6) 环保性：LEED 环保认证；重量轻，密度是玻璃的一半，易于安装，不需要结构性支撑。

缺点：

　　坚硬度大概为玻璃 1/2，因此耐磨程度比玻璃差。解决方案：寿命期内板材可打磨翻新，清除瑕疵或划痕，价格较高。

价格范围：

　　2000~5000 元 / 平方米，根据厚度及内置物的改变而改变，按照不同项目来具体报价。

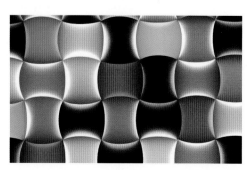

二、造型与空间

树脂板材的可塑性能帮助设计师在设计中探索对室内外空间结构感受的多种可能性，这些材料通过富有变化的造型感帮助设计师进行设计语言的有效表达——使原本进行空间分割的阻隔物也可以在坚硬质地不变的前提下，依然塑造出具有柔软、感性、流动的视觉造型效果，模糊空间原本的生硬"边界"，让设计构建出可变换的空间定义。

作品实例：

1-1

项目信息：

项目名称：Two Adams Lobby

应用部位：Feature Wall

3form材料：Varia Ecoresin -Pure White 面材

五金件系统：Cable+Rod

应用领域：建筑造型

Two Adams Lobby 是 Varia Pure White 面材在主题墙面的大面积运用案例，设计上曲面造型的交错结构使空间整体上形成灵动的雕塑感，从建筑顶部向下贯穿延伸，打破了空间的呆板格局。在这个案例中，设计师在对大尺度的挑高空间处理上，具有大胆的实践气魄，利用设计辅材，大面积地将建筑空间的结构进行主题性的引导，光影的流动性通过材料的造型感和透光感得到了很好的体现，也为视觉空间的向上延伸建立了

设计基础。而功能上从玻璃天棚透射下来的阳光贯穿在 3form 的建筑辅材结构上，为原本硬朗的空间带来了诗意的流动的气息。

1-2

项目信息：

项目名称：ITT公司总部

应用部位：旋转楼梯

3form材料：3英寸厚的3form Chroma-Renew

应用领域：个性化材料的开发和建筑设计技术支持

美国纽约怀特普莱恩斯的 ITT 总部在进行建筑设计时，设计团队 RMJM Hillier 就面临着很大的挑战：采用半透明的可透光材料设计一个盘旋的楼梯，并且以没有梁架支撑的 5 英尺宽板材搭建。这样的特殊定制要求令 3form 的 Chroma 系列产品被最终决定采用。Chroma 材料在案例中的运用无疑是成功的，它成为整个建筑空间设计之中的脊柱，利用材质的光感与色彩，将整个空间的流动性与结构性凝聚在一起，成为精彩而明亮的焦点，也令人心情为之振奋。材料的大胆使用让这座形态轻盈的楼梯成为大厅中戏剧性的焦点。

1-3

项目信息：

项目名称：Ed Roberts Campus

应用部位：螺旋形坡道

3form材料：Varia Ecoresin-Mesa

应用领域：耐久性和耐冲击、低维护、难忘的半透明的美学

Ed Roberts Campus 项目采用了通用与可持续发展的设计策略，它是世界上最重要的残疾人权利中心。红色的螺旋坡道占据空间的中心，这成为整个建筑的标志性的焦点，甚至成为残疾人中心的象征。

本页-左下 / 3form材料有多种颜色可供选择
本页-右上 / 3form材料具有耐久性，适用用于户外

本页-上 / 作品实例1-1   本页-下 / 作品实例1-2

三、光影与色彩

材料结合空间设计，有时也是对人视线的利用，空间的流动感通过视线的连接对人心理产生影响，营造出轻质具有飘浮感的效果。材料对光的透射程度，能诗意地描述穿越室内室外的光线的运动。在此基础上，与光影结合，引导我们重新看待空间，并丰富我们的感官体验。

作品实例：

2-1

项目信息：

项目名称：THE YEAR OF THE DRAGON

3form材料：

VariaEcoresin-Midnight/MarigoldX2/Vitamin CX2/Persimmon/OJ/Bliss/Violet/Sea/Marsh/Lawn/Aero Plus/Diva/Cranberry/MossX2/Bewitched/Rose/Camel.

应用领域：造型实现和对光环境的营造

当技术人员面对将一个X形梁架掩盖住的考验时，有人建议他们采用一个生动有趣的加工方法。中国的龙一直都是神秘、权利、力量和好运的象征，受这一观点的启发，他们在一个较为开敞的空间中利用已有梁架做了一个高75英尺的龙形雕塑，而龙头朝向了下方大厅的主入口方向。

2-2

项目信息：

项目名称：TOLEDO IN THE FALL™——托莱多在秋天™

3form材料：Varia Ecoresin C3 Color

应用领域：造型实现和对光环境的营造

LightArt™装饰了超过50个Dahlia™，就

是为了营造一个具有光感的雕塑天花。如同在一个秋高气爽的日子，阳光透过树叶照出的斑驳感，而发光的冠状结构会让每一位游客流连忘返。

2-3

项目信息：

项目名称：FERN BLOSSOM PENDANT——蕨花吊坠

3form材料：Varia Ecoresin C3 Color

应用领域：造型实现和对光环境的营造

灵感来自2012年的颜色Pantone，橘色调用于外层，蜷曲的花瓣像一个旋转的折叠衣服，而每七个吊坠代表一个步骤的探戈。

四、再生与创新

3form树脂板材的Varia™系列将各种天然植物、轧制金属、传统手工织物、丝絮纤维等物料，与羊脂质感的Ecoresin™（配方树脂）交融，在思考延展材料性能的同时，也融入环保设计与援助计划领域，给予材料更丰富的情感内涵。

作品实例：

3-1

项目信息：

项目名称：Fray纽约展厅

应用部位：墙面装饰（支撑式墙面装饰，混凝土墙体）

3form材料：2014 Collections - Fray Smoke

五金件系统：Versa

应用领域：纸材与树脂

尼泊尔人习惯用一种树的树皮制作他们的经书，并将这一习俗延续了很多代。3form在与尼泊尔的合作伙伴合作很久以后，已经掌握了如何将这一传统的手工技艺同树脂板材结合为一个新的形式。

3-2（1）

项目信息：

项目名称：PAPERLANE——Recycled catalog pages

应用部位：隔断

3form材料：2014 Collections - PAPERLANE

五金件系统：Versa

应用领域：环保再利用

3-2（2）

项目信息：

项目名称：A COLORFUL OASIS OF CREATIVITY

应用部位：隔断

3form材料：2014 Collections - Ensign

五金件系统：Versa

应用领域：布料与树脂

条状纸带是3form追求创新、绿色、可循环材料的产物。为了掌握尼泊尔工人的技术，3form加深与他们的合作关系，这个产品就是一个很好的契机。技术人员通过学习技术和掌握数据，就可以生产出颜色绚丽且饱满的图案，通过条状纸带的装饰可以让空间充满现代艺术感。

本页-左上 / 作品实例2-1
本页-左下 / 作品实例2-2
本页-中 / 3form公司从世界各地带来了极具地方特色的手工艺品作为Varia系列的装饰物料
本页-右上 / 本页-右下 / 回收产品宣传册制作条状纸带用于创造丰富多彩、充满活力的空间

对页 / 在展示设计定制项目中的应用

YOU OWE IT
TO YOURSELF

Reducing your personal power consumption can save you hundreds, even thousands of dollars by 2015. Take a form, come inside, and find out how much you can save.

WHAT CAN YOU DO BY 2015?

CHINA
ENVIRONMENTAL
ART DESIGN
中国环境艺术设计 05

RECORD OF EVENTS
记事

上海——2013年上海艺术设计展

本届展览以"美学城市 Aesthetics City"为主题，旨在提倡"设计引领创意生活，美学建构理想城市"的美好愿景。展览由十个展览组成，其中包括主题展、邀请展及外围展。展览通过多方面具有创新和启迪意义的案例展示，呈现给市民和观众一种新的设计和生活理念，从而推动上海以至全国的艺术设计和创意产业的发展。

城市化是人类当代文化的新阶段，今日世界各国无不以追求或完善"城市化"作为主要目标。在影响城市发展的诸种因素中，"设计"是最重要的中介物之一。设计不仅通过"物"的大众消费改变日常生活，同时也

通过"物体系"建立起行为的社会机制，影响了城市的面貌和品格。

展览以"美学城市 Aesthetics City"为主题，"美学"是城市和设计之间最具特色的思想纽带，"美学城市"以批评和探索的角度思考城市化进程中经历的

城市化、郊区城市化、逆城市化、再城市化过程所出现的问题，通过"设计"探索人与自然和谐、城乡共荣的城市化模式。

上海——西岸2013建筑与当代艺术双年展

展览以云戏剧《上海奥德赛》拉开帷幕，分为室外建造展与室内主题展两部分。

室内展选址预均化库，分为建筑、声音、影像、戏剧4个特展，启动当代建筑、声音艺术、影像艺术、当代戏剧的系统研究，以四种文化的现场展示作为展览的主体构架，以历史回顾开启未来想象的空间。作为首届双年展的展览主题，室内展选取了 Reflecta（进程），既应对当代中国城市化急速推进的进程，提供一个慢下步伐回顾和总结的立足点，又作为积蓄能量再出发的新起点，为今后的双年展开启一个全新的历史语境。

室外建造展选址西岸的滨水开放空间室外场地，以Fabrica（营造）为题，契合 Pre-Fab（预制）+In-Situ（现造）理念，邀请国际知名的建筑师与艺术家进行创作，呈现关于当前设计的思想激荡与彼此呼应。

上海——"时尚环境设计论坛"

2013 年 4 月 17 日，为期 5 天的上海国际服装文化节国际时尚论坛暨环东华时尚周在上海世贸商城盛大开幕。

作为"时尚周"中的亮点之一，"时尚环境设计论坛"于 4 月 18 日在东华大学国际教育中心 3 楼举行。由东华大学环境艺术设计研究院主持的这次论坛，围绕环境设计领域的"时尚"话题展开研讨，邀请到了国内外专家学者、设计院校教授、企业界精英、著名中外设计师等十余人做精彩的演讲。内容涵盖了环境空间设计的时代变革、新材料与多媒体技术应用、高科技和以人为本的设计理念引领下的时尚环境设计等主题。为与会者带来一场视觉的时尚飨宴，一场革新观念的头脑风暴。

上海——国际竹建筑双年展-建筑师设计图纸展

本届双年展已邀请的建筑师来自美国、中国、哥伦比亚、德国、意大利、日本、韩国、斯里兰卡、越南等（按国家首字母排名），其中包括国广乔治（George Kunihiro，美国），李晓东，杨旭，Simon Velez（哥伦比亚），Anna Heringer（德国），马儒骁（Mauricio Cardenas Laverde，意大利），隈研吾（Kengo Kuma，日本），前田圭介（Keisuke Maeda，日本），Sook-hee Chun（韩国），Madhura Prematilleke（斯里兰卡），VO Trong Nghia（越南）。他们通过各自的创造力、想象力，向世界传递了"竹"不仅是中国文化的精神属性，同样可以成为建筑美学、建筑诗学。建筑师用充满激情的创意实验，使乌托邦式的幻想成了无限的可能，它将成为乡村建设的前进方向——启示录。

上海——2014 "设计·上海"

"设计·上海"2014 年的主题为"西方遇到东方"，发布了以中国传统祥瑞"龙"为创意的主视觉形象。该主视觉形

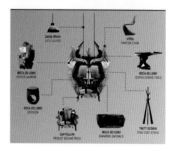

象以"西方遇见东方"作为设计概念，集 Cappellini，Vitra，Boca Do Lobo，Fritz Hansen 等顶尖品牌的标识性设计产品之大成，创造出一个具有现代感的东方概念"龙"。在此基础之上，也延展出代表当代设计、古典设计、限量设计三个分馆的次视觉形象。

北京——2013年北京国际设计周

活动概况

2013北京国际设计周于 2013 年 9 月 26 日至 10 月 3 日在北京举办，由开幕活动、设计大奖、主题展览、设计讲堂、主宾城市、设计之旅和设计消费季七大主体活动组成。

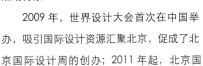

活动背景

2009 年，世界设计大会首次在中国举办，吸引国际设计资源汇聚北京，促成了北京国际设计周的创办；2011 年起，北京国际设计周每年举办一届，不仅对于促进北京文化大发展大繁荣，推动北京"国家文化中心"及"世界城市"建设起到了重要作用，同时为北京申办联合国教科文组织"设计之都"做出了积极贡献；2012 年，北京获得"设计之都"称号，北京国际设计周作为设计之都设计综合实力的展示平台，品牌进一步确立，成为了中国大陆地区唯一被世界承认的国际A类创意设计活动，被纳入"全球设计地图"中；2013北京国际设计周以"设计之都·智慧城市"为年度主题。建设设计之都是北京接轨国际、提升城市核心竞争力，推动设计产业发展，打造世界城市的重要支撑；推动智慧城市是展示智慧城市在产业融合发展中的典型作用，突出对产业发展的引领和带动。

山东——2014年青岛世界园艺博览会

2014 年青岛世界园艺博览会（简称"青岛世园会"）是由国际园艺生产者协会（AIPH）批准的专业性国际展会，为 A2+B1 级。这将是我国第四次举办世界园艺博览会。

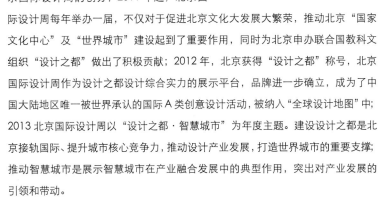

青岛世园会园区规划总面积 241 公顷，分为主题区（164 公顷）、体验区（77 公顷）两部分。其中，主题区体现园区规划创意主题及主要展览展示内容；体验区主要是疏解人流、补充功能、突出地方特色、增加招商招展能力、为后世园发展预留空间。

园区总体规划结构可概括为"两轴十二园"。两轴分别为南北向的"鲜花大道轴"（花轴）和东西向的"林荫大道轴"（树轴）；"十二园"为主题区的中华园、花艺园、草纲园、童梦园、科学园、绿业园、国际园七个片区加上体验区的茶香园、农艺园、花卉园、百花园、山地园五个片区。同时，将园区内两个水库分别命名为天水、地池，寓意沟通天地互动、萌生园艺精华。

园区总体规划创意可概括为"天女散花、天水地池、七彩飘带、四季永驻"。

北京——2014年中国西部国际艺术双年展

"中国西部国际艺术双年展"是由旅法艺术家田野于 2010 年主持策划，是中国最为重要的国际文化艺术活动之一。继 2010 年和 2012 年两届双年展成功举办后，2014 年"第三届中国西部国际艺术双年展"正在紧张有序的筹备之中。本届西部国际艺术双年展已敲定于 2014 年 10 月中旬举行，新闻发布会将于今年 6 月在北京举行。此次双年展将有 20 个国家的 60 多位艺术家参加，其中还邀请到几十位国际顶级艺术家，以此来着重培养、推荐更多具有潜力的年轻艺术家。

展览将艺术从公共空间延伸到大自然，以一种开放的自由观念，使艺术与自

西安——国际美术城系列活动 "建筑&美术" 论坛

论坛旨在发布西安国际美术城大师博物馆项目的启动信息，同时邀请了 15 位世界顶级建筑师参与西安国际美术城大师博物馆项目设计，论坛特别邀请的研讨嘉宾包括 20 多位国内外著名建筑师和艺术家。

研讨会期间，建筑界和美术界的嘉宾会就建筑和美术的各项议题展开对话和交流。议题围绕中国传统文化和美学观念对建筑设计的影响、艺术如何体现在博物馆设计里、如何让博物馆的使用者体验到美学元素并激发灵感、国内外知名博物馆项目的经验谈、建筑空间如何融合艺术和文化等元素、艺术品与建筑设计的关系等。

这场跨界的国际交流研讨会将成为此次论坛的高潮部分，东方和西方的思维不断碰撞，建筑、文化、艺术相融合，这些都将为西安这座古城增添浓郁的国际化大都市的氛围。未来的几十年里，我们将会体验到更多这样的交流会，不仅是论坛形式，还会涌现出多种多样的对话方式，丰富着人们的精神生活，推动城市建设向着质和量发展。

广州——2013第八届广州国际设计周

广州国际设计周是目前唯一获得国际工业设计联合会（ICSID）、国际平面设计协会联合会（ICOGRADA）、国际室内建筑师团体联盟（IFI）国际三大设计组织联合认证全球同步推广，是目前中国规模最大、参与人数最多、影响力最广、国际化程度最高的年度设计商务盛事。

已运营八年的广州国际设计周以学术性、商务性、国际性的特点正在成为中国乃至亚洲区域最有活力的国际设计产业互动营商平台。它既是设计产业重要人士的盛会，更成为观测产业趋势与前景、提高品牌知名度、寻求合作伙伴、拓展市场的绝佳机会。2013广州国际设计周展览由"FA亚洲软装展"和"D+B(设计＋选材)展"组成，同期活动则由"2013 金堂奖盛典"、"2013 中国商业和旅游地产专业年会"、"2014-2015 亚洲软装趋势发布"以及其他多个主题论坛构成。来自美国、意大利等国家和地区的上百名设计、地产、管理各界名家及学者，将带来第一手实战经验和研究成果。

然完美的融合。让艺术超越有限表现力走向无限感染力的境界。本届西部国际艺术双年展将继续关注当今时代的两大主题，环境与艺术。环境与艺术的生命可谓是脆弱的不堪一击，环境问题影响艺术的发展，艺术问题牵扯环境的改善。它让我们不得不重新审视当前的生存环境和当代艺术状态，本届双年展以"环境与艺术"为展览理念，强化观众的视听注意中心并将其集中到环境问题上，艺术家用敏锐的艺术触觉和深刻的情感表达方式，通过多元化的艺术表现形式，阐释艺术家对环境问题的思索。

东盟——2014年东盟展会前瞻

·关于东盟家具产业协会（AFIC）

东盟家具产业协会（AFIC）成立于1978年，是以推广东盟家具产业为宗旨的区域性贸易组织。AFIC目前成员由东盟各国的家具行业人士组成，获得东盟各国行业商会或同级组织认证。

目前AFIC成员包括：印尼家具工会、马来西亚家具行业协会、缅甸木材商协会、菲律宾家具行业商会、新加坡家具行业协会、泰国家具行业协会—泰国工业联合会、越南工艺品和木材工业协会。印尼担任2013/2014年度协会主席、秘书长、秘书处职务。

2014年东盟家具展会：

·第十届马来西亚出口家具展

·第七届越南国际家具&家居配饰博览会

本次展会上将会展示丰富多样的越南传统手工艺品，其浓郁的文化底蕴和多变的设计样式必将为设计师带来无限的创意灵感。VIFA 2014是专业观众和参展商寻求商业机遇和设计灵感的最理想目的地。

·第31届泰国国际家具博览会

·新加坡国际家具展

首次举办的亚洲酒店用品展（Hospitality 360°）是亚洲酒店业的盛事，由新加坡国际家具展和DMG Events公司中东及亚洲分部联合举办。

·印尼国际家具&工艺博览会

本届展会将在雅加达史纳延的东方绿色生态公园举行，主办方将"绿色生态"定为今年的主题，重点推介具有绿色环保概念的家具产品。

·菲律宾国际家具展

2014年菲律宾国际家具展由宿务家具行业基金会、菲律宾家具行业商会（CFIP）及CFIP邦板牙省分会联合举办，将在马尼拉SMX会展中心举行。

马来西亚——第十届马来西亚出口家具展

2014年马来西亚出口家具展迎来第十届，在四天的展会时间里让全球的家具、软装企业云集此地，营造极佳的商业氛围。本次展会将首次在马来西亚面积最大、展览设施最完备的马来西亚沙登农业博览园亮相，新的展览场地将为该展会展开新的一页，为与会者提供开拓商业机会、市场扩张、业内沟通的良好机会。马来西亚出口家具展被誉为业内最具影响力的展会之一，必将吸引来自马来西亚本地以及全球相关企业的热情参与。

法国——2014年法国巴黎国际家具展

法国专业展会组织公司SAFI于2007年5月全额收购巴黎家个博览会（le Salondu Meuble de Paris）后，将其与巴黎国际家具博览会（PLANETE MEUBLE PARIS）合并，组成了家具盛会的新框架。从2008年起，与目前世界顶级家居装饰盛会MAISON&OBJET紧密相接，同期同地举行。MEUBLE PARIS全面展现欧洲家具魅力，并适应家具市场的需要以及观众的消费模式和习惯将展区划分为：

魅力与风格：

主要表现高档时尚、经过精雕细琢、体现流行趋势的家具风格。这是法国家具面向国际的窗口，所有的划分都在《氛围》中充分体现：古典的，魅力的，民族的，室内的，户外的等。

当代风格：

主要致力于创意和趋势。它以不同的表现手法提倡生活环境和方式：现代的，惬意舒服的。

同时MEUBLE PARIS还与协会、集团和外国采购方密切合作，形成由42个办公室组成的全球代理网络，招揽和邀请了国际家具的重要企业参加。2009年MEUBLE PARIS首次对中国具有自主知识产权的家具企业开放，欢迎中国的企业进入这个高端、时尚的大舞台。

泰国——第31届泰国国际家具博览会

本次展会云集超过200家本地及海外的顶尖家具制造商，展出最优秀的家具设计精品，预计每年吸引近两万专业观众到场参观。鉴于往届展会的反响热烈，主办方决定重新启用"小订单政策（Small Order OK）"，该政策受到来自包括精品酒店、度假村以及工程设计等利基市场的消费者的广泛欢迎。